颗粒流体黏性研究

安卓卿 著

U0314850

北 京

冶金工业出版社

2024

内 容 提 要

本书围绕颗粒流体黏性表征技术，从整体上介绍了颗粒流态化技术的发展以及颗粒黏性表征方法的研究进展；结合作者的相关理论研究，系统地介绍了颗粒流体表观黏度的基本概念以及测试方法，阐明了金属粉体和氧化物粉体以及鼓泡流化床和循环流化床表观黏度的变化规律，建立了流化床黏结失流预测模型；本书还介绍了基于表征技术设计开发的流化床还原过程表观黏度原位在线测定系统，对颗粒黏性的原位表征和流态化的在线研究具有一定的参考意义。

本书可供从事冶金工程、化工工程及相关专业领域的科研与工程技术人员阅读，也可供相关专业的院校师生参考。

图书在版编目(CIP) 数据

颗粒流体黏性研究／安卓卿著 . —北京：冶金工业出版社，2024. 1
ISBN 978-7-5024-9719-4

Ⅰ. ①颗… Ⅱ. ①安… Ⅲ. ①颗粒—流体动力学—研究 Ⅳ. ①O351.2

中国国家版本馆 CIP 数据核字（2024）第 017669 号

颗粒流体黏性研究

出版发行	冶金工业出版社	**电　话**	(010)64027926
地　址	北京市东城区嵩祝院北巷 39 号	**邮　编**	100009
网　址	www.mip1953.com	**电子信箱**	service@ mip1953.com

责任编辑　卢　敏　李泓璇　美术编辑　燕展疆　版式设计　郑小利
责任校对　李欣雨　责任印制　窦　唯
三河市双峰印刷装订有限公司印刷
2024 年 1 月第 1 版，2024 年 1 月第 1 次印刷
710mm×1000mm　1/16；8 印张；180 千字；120 页

定价 78. 00 元

投稿电话　(010)64027932　投稿信箱　tougao@cnmip. com. cn
营销中心电话　(010)64044283
冶金工业出版社天猫旗舰店　yjgycbs. tmall. com
（本书如有印装质量问题，本社营销中心负责退换）

前　言

流化床反应器因其具有传热传质条件好、温度均匀、物料输送方便等优势，已经被广泛地应用到冶金、石油化工、能源环保、材料、生化制药等领域，特别是在铁矿粉流态化还原、钛精矿流态化氯化，金属粉气相沉积表面改性等高温反应过程中得到了广泛的应用。但是流化床系统中颗粒聚团和黏结现象的出现导致流态化操作不能进行，是其进一步商业推广和工业放大的阻碍。流化床中出现颗粒聚团和黏结失流的现象本质上是颗粒产生了高温黏性。目前对于颗粒流动性的表征参数只有休止角、自然堆角、固体表面黏度等，还没有反映颗粒流体特性的黏性系数，特别是高温条件下的黏性系数。

要突破对颗粒黏结失流问题的认识，表征"拟颗粒"的黏性是其进一步深入研究的重要基础。当前国内外许多科研工作者对流化床黏结失流问题展开了深入讨论，特别是针对黏结失流的影响因素、发生机理和抑制技术进行了详细的研究，并取得了一定的研究成果。然而，对于流化床黏结失流出现的最直接原因，即颗粒高温黏性的定量表征和分析研究较少。此外，颗粒的物理化学性质、流体力学性质和还原反应进程相互交织、协同作用，对黏结失流程度的影响也缺乏量化数据，相关的定量分析只适用于特定的实验条件，普适性差，没有得到共性结论，更没有得到统一的量化表征数据。

针对上述流态化颗粒黏性定量表征存在的问题，本书以颗粒的高温黏性表征方法探索为研究出发点。借鉴流体黏度的概念，将黏度的概念引入颗粒流体，用粉体颗粒的表观黏度表征粉体颗粒间相互作用力的大小。通过能量耗散的原理对粉体颗粒表观黏度在原理层面进行了解析和推导，确定了测定原理和方法。在此基础上，对固定床表观黏度和高温鼓泡流化床的表观黏度进行了测定研究，并基于颗粒受力平衡建立了流化床初始流化速率和黏结失流温度预测模型。同时，借助粉体颗粒表观黏度的测定研究了全温度段纳米添加剂对颗粒流体流动性改善和对流化床黏结失流的抑制效果，对目前无法实验测得的循环流化床内气-固两相流表观黏度提出了预测模型，并进行实验和CFD模拟验证。最后，将表观黏度测定装置和流化床进行整合，引入质谱仪进行流化床尾气成分分析，实现流化床还原过程表观黏度的在线原位分析，通过多级实验数据的采集分析验证了原位分析系统的稳定性、可靠性和准确性。以期通过上述工作的完成，为颗粒流体的研究提供新的研究思路，为实现流态化技术的可持续发展和高效清洁生产提供数据支持和科学依据。

本书的研究内容包括化工原理、冶金工程学、流体力学、计算机模拟仿真等多个学科的综合性交叉融合，是作者在长期研究基础上大量科研成果的总结。本书在策划和编写过程中，得到了北京科技大学张延玲教授、郭占成教授和加拿大西安大略大学祝京旭教授的悉心指导和帮助，在此表示衷心的感谢。本书在编写过程中参阅了许多专家、学者的著作和文献，在此一并致谢。

本书中的科研项目得到了国家自然科学基金项目（51234001）、内蒙古自治区自然科学基金资助项目（2019BS05018）、内蒙古科技大学创新基金资助项目（2019QDL-B17）的资助，在此表示感谢。

由于作者水平所限，书中难免存在不足之处，恳请各位专家、学者不吝赐教，谢谢！

安卓卿

2023 年 9 月

目　　录

1　绪　　论

1.1　流态化冶炼工艺的发展及应用

　　流态化作为一门工程技术领域的新学科，历经 70 年的发展，因具有传热传质条件好、温度均匀、物料运输方便等优势，被广泛应用在各个领域。流态化本质是固体颗粒的一种物理现象，指的是颗粒被上升的气体或液体所悬浮，随着气体或液体的属性（黏度、密度）及其流速和颗粒的粒度、密度、形状的变化，可以出现不同的流态化状态。如果流态化不在一个封闭的系统内进行，固体物料有进有出，或伴以热量、质量的交换，再加上化学反应，则流态化系统就更复杂了。因此，流态化不仅是一门技术，更是包含了丰富的科学内涵[1]。

　　将易于流化的粒状物料装入有多孔底板的柱状容器内，底部通入流体，流体穿过颗粒空隙上升，颗粒与流体间的摩擦力随流体流速的提高而增大，当流体流速达到一定值时，流体与颗粒间的摩擦力大于颗粒的重力，颗粒将悬浮在流体中跳动或随流体流动，此装置称为流化床。流态化炼铁技术是将流态化技术应用于铁矿石还原过程。流态化炼铁以高温还原气体作为流态化的流体，在流化床内完成对铁矿粉的加热和还原作用，得到的产品为粉状海绵铁。流化床在直接还原工艺中作为主体反应装置，在熔融还原工艺中作为预还原反应装置[2]。

1.1.1　采用流化床的冶炼工艺

　　高温流化床反应器在化工等领域的广泛应用，为流态化炼铁技术提供了良好的借鉴。流态化炼铁技术于 20 世纪五六十年代开始工业应用。流态化炼铁在还原炼铁工艺中有磁化焙烧生产铁精矿粉、预热和低度预还原铁矿粉、生产直接还原铁等冶金方式。经过半个多世纪的发展，先后出现了 H-IRON、FIOR、HIB 和 FINMET 等直接还原炼铁工艺，以及 HISMELT、川崎法、DIOS 和 FINEX 等熔融还原炼铁工艺。

　　表 1-1 汇总了一些采用流态化炼铁技术的典型工艺[3-9]。流态化炼铁的流化床中，大部分采用富氢气体作为还原气体，而天然气作为制取还原气体的原料。然而对于一些天然气不丰富的地区，不利于发展这些工艺。并且富氢气体制备导致设备投资增高，因此一些工艺因为经济效益差而被淘汰，例如 H-IRON 和 NOVALFER。而熔融还原工艺均采用熔炼单元产生的熔炼煤气作为还原气体，不

仅提高了工艺的适用性，而且充分利用了熔炼单元副产品煤气的还原性和能量，这是熔融还原工艺降低能耗的重要措施。

表 1-1　流态化炼铁技术工艺比较

工艺	还原气体	设备特点	还原温度	存在问题
H-IRON	天然气或焦炉煤气制取富氢气体	三层流化床	813 K	经济效益差而停产
NOVALFER	天然气或焦炉煤气制取富氢气体	两级流化床	853~973 K	经济效益差而淘汰
FIOR	天然气和水蒸气催化裂化制得富氢气体	四级流化床	973~1063 K	被 FINMET 取代
FINMET	天然气和水蒸气催化裂化制得富氢气体	四级流化床	1063 K 左右	黏结失流问题 气体利用率低 故障率高 固定投资大 净能耗高
Nu-IRON	天然气和水蒸气催化裂化制得富氢气体	双层流化床	1143 K	被 HIB 取代
HIB	水蒸气催化裂化制得富氢气体	双层流化床	973~1023 K	金属化率偏低而被淘汰
CIRCOFER	煤气化气体	循环流化床和鼓泡流化床两级流化床	1223~1323 K	工艺复杂 工业化困难
HISMELT	熔炼煤气	一级循环流化床和卧式铁浴炉	1073 K 左右	吨铁矿比高 煤耗高 设备寿命短
川崎法	熔炼煤气	一级循环流化床和焦炭床竖炉	1223~1323 K	黏结失流问题 离不开焦炭 冶炼周期长
DIOS	熔炼煤气	两级流化床和立式转炉型铁浴熔炼造气炉	773 K	设备寿命短 煤耗高 间歇冶炼
FINEX	熔炼煤气	四级流化床和熔炼造气炉	973~1073 K	黏结失流问题 固定投资高 离不开焦炭 原料要求高

在熔融还原工艺中，FINEX 工艺被广泛应用，它是韩国浦项钢铁公司在 COREX 工艺的基础上开发出来的。FINEX 工艺流程如图 1-1 所示[10-14]，流化床还原单元由 4 座串联的流化床组成。矿粉经干燥后送入流化床还原单元，还原成

粉状海绵铁，其还原度约为60%，金属化率约为40%。粉状海绵铁经热压块后通过竖炉进入熔炼造气炉。熔炼造气炉所用的燃料为由粒度适当的天然煤块、粉煤压制而成的冷压块、自风口喷入的煤粉和焦炭。熔炼造气炉的作用是将海绵铁熔炼成生铁和产生流化床还原单元所需的还原气。

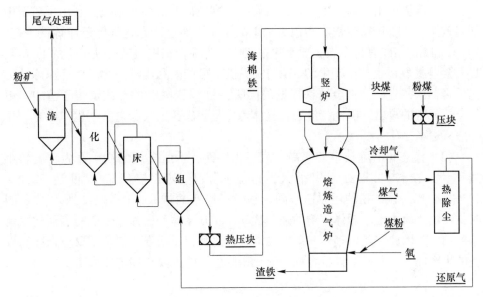

图 1-1　FINEX 工艺流程图

1.1.2　流态化冶炼技术的优点

通过以上工艺分析，相对于传统高炉炼铁工艺，采用流态化冶炼技术主要是因为其拥有以下优点：

（1）流态化冶炼技术可以直接利用粉矿。无论是国产铁矿还是进口铁矿，原料都以矿粉为主，传统高炉矿粉粒度一般要求大于 8 mm，因此粉矿或铁精矿需要经过烧结造块，提高物性后才能进入高炉进行冶炼。而流化床可以直接使用粒度小于 8 mm 的矿粉或铁精矿，省去了造块（球）和烧结工序，从而节省了基建和设备投资，减少能耗，减轻环境污染，降低生产成本[2-3,12,15-16]。

（2）流态化冶炼技术摆脱了对焦炭的依赖。传统炼铁工艺无法摆脱焦炭的束缚，主要原因是高强度的焦炭在高炉内是支撑高达数十米料柱的骨架，用以保持炉内的透气性和透液性。而流态化炼铁技术是采用适宜流速的气体使矿粉处于流化状态，流化床内透气性良好，因此还原剂可采用资源更为丰富、价格较为便宜的普通煤炭，拓宽了炼铁生产的能源结构，消除了对焦炭的绝对依赖，省去了高污染、高能耗的炼焦工序[5,17]。

（3）流态化冶炼技术便于处理复杂共生矿。由于流态化炼铁技术便于控制还原条件（温度和还原气成分等），其对复杂共生矿的综合利用具有独特的优势。以高磷铁矿为例，由于流态化炼铁还原温度比高炉炼铁低得多，气体还原过程中矿石中的 $Ca_3(PO_4)_2$ 不能被还原进入铁相，此外，还原铁中 C 含量很低，$Ca_3(PO_4)_2$ 中的 P 在熔分过程中不会被还原进入铁相，因而通过扒渣将磷富集于渣相，富磷渣可用于磷肥生产，这既解决了高磷矿的冶金问题，又利用了矿石中的磷资源。对于钒钛磁铁矿和包头稀土共生矿，通过流态化气体还原炼铁工艺，V、Ti 和 Nb、Re 有价金属主要富集在渣中，为综合利用钒钛磁铁矿中的 Fe、V、Ti 和经济提取稀土共生矿中的 Nb、Re 提供了可能。利用流态化气体还原炼铁工艺处理铝铁共生矿，将金属铁提取的同时，Al 以铝酸钙的形式富集于渣中，更易于铝元素的浸出。因此，流态化气体炼铁是解决我国大量复杂共生矿综合利用的一条途径。

（4）流态化冶炼技术效率高。流态化炼铁技术所采用的铁矿石为粒度较小的矿粉，颗粒的比表面积很大，每立方米床层的接触面积可达 3280～49200 m²[18]，铁矿粉的还原速率随矿粉粒径减小而增大，如图 1-2 所示[19]。同时，在流化床中由于固体矿粉的强烈扰动、相互摩擦和碰撞，使矿粉表面的更新速度加快。因此，还原气体和矿粉之间的传热和传质增强，提高了反应强度和设备的生产能力，同样的设备容积，流化床的生产能力要比固定床大得多[20]。

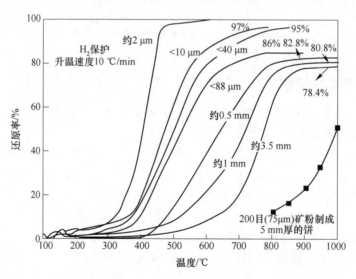

图 1-2　铁矿粉 H_2 还原速率对矿粉粒径的变化

在流化床中固体矿粉的强烈扰动，使得床层的温度均匀一致。对反应器来说，反应温度容易控制，增强了生产的安全性，不会使床层局部过热而烧毁，或局部温度过低达不到反应温度。同时，固体矿粉的热容量比同体积气体的热容量大得多，床内矿粉的强烈扰动，矿粉作为良好的传热介质，使得矿粉与矿粉、矿粉与还原气体之间的传热增强[18]。

1.1.3 流态化工艺存在的问题

通过以上工艺流程的分析得出，流态化技术虽然有诸多优点，但是在实际生产应用中也出现了不少问题。总结各工艺的特点，流态化技术存在的问题包括以下几个方面：

（1）气体利用率低。为了将粉体流化起来，所用气体量必然高于还原反应本身所需的气体量，导致还原气体一次通过利用率极低，仅为10%[21]，并且流化床内孔隙率过高，设备利用率较低。为了提高还原气体的利用率，大多工艺均采用气体循环利用的方式，但是气体循环利用和净化工序导致工艺的能耗有所升高。

（2）固体颗粒磨损大，损耗多。由于在流态化工艺中的流化床单元属于气固流化床，矿粉颗粒在流化床内发生剧烈扰动，造成了颗粒的磨损，更多的细粉在此产生，并被气体带出设备，增加了回收系统的负荷[20]。因此，在各个工艺中流化床装置都要装配良好的气固分离装置。

（3）实际反应效率偏低。在流化床内，由于矿粉颗粒的剧烈扰动，造成了严重的矿粉颗粒和还原气体沿轴向的返混（上下的窜动）。对于流化床反应器来说，由于返混，大量未反应的矿粉被还原度高的矿粉所稀释，传质推动力减小，导致反应过程的转化率下降和选择性变差。同时，由于床内气泡的产生，气泡内几乎没有矿粉颗粒，导致气泡内的气体与矿粉颗粒接触不良，致使反应速率下降，而且气体在床内的停留时间分布不均匀，也致使反应过程的转化率和选择性变差。为了克服气泡和返混所造成的弊端，大部分工艺流程采用多级（层）流化床的措施[18]。

（4）黏结失流。黏结失流是矿粉颗粒在流态化还原过程中突然失去流化状态，以比较松散的方式结合在一起，形成了固定床[5,22-24]。而气体从矿粉中间形成的空隙管道通过，导致气固接触严重下降，还原反应几乎停滞。此外，失流后的矿粉无法像流体一样从床内自动排出，只能停止生产并进行清理，导致生产不能连续化操作，严重影响生产效率。并且一旦黏结失流发生后，恢复流态化十分困难。

1.2 黏结失流的研究进展

流化床原本是能源和化工装备，在氧化气氛中应用没有什么太典型的问题。自从被引进钢铁工业的铁矿石还原以后，先后出现了多种不同的流化床还原工艺。但是多数流程都因工业化装置未能达到预期目标而先后停产，甚至淘汰，其商业化推广都受到了一定的限制。此外，在一定流化条件下，黏结失流总是在一个确定的还原度下发生。一方面，由于流化床内局部温度过高，FeO与矿石中的脉石成分（SiO_2、MgO、CaO 等）形成低熔点共熔物产生液相，液相产生液体桥力或者再凝固而形成固体桥联结。另一方面，颗粒之间的固相反应（例如 CaO 与 SiO_2 生成 $CaSiO_3$）产生新生盐类再结晶，出现晶桥联结造成黏结失流。对于铁矿粉而言，黏结的产生主要是还原过程中颗粒表面新还原出的活性较高、黏性较大的金属铁以及铁晶须物理接触造成的[25-27]。与煤和生物质燃烧/气化最大的不同是，矿物还原过程中出现液相的情况不多，颗粒聚团通常是由固相烧结引起的。在高温下固相原子通过扩散迁移、固相反应或再结晶的方式形成固体连接桥，颗粒间相互作用力主要为固体桥力。但是对于流化床固相间黏结力的研究相对薄弱，黏结机理尚未完全清楚。为了解决流态化炼铁技术中的黏结失流问题，众多科研工作者做了大量的研究工作，但是由于实验条件的不同而缺乏统一的表征方式，至今对这一现象的认识和解决方法仍然存在争议。

1.2.1　黏结失流的影响因素

所谓的黏结失流是指，矿粉在流化还原过程中，如果操作失当或工艺参数不合理，会出现矿石颗粒团聚的现象或会使颗粒黏附在流化床器壁和分布板上，导致气固传热传质效率降低，严重时就会完全失去流化状态，床内矿粉形成固定床（或称死床）。气流通过床层时容易形成短路管道，正常运行的流态化床受到破坏，此过程为突发过程。失流发生后，流态化的恢复一般比较困难，使流程无法连续操作[28]。黏结失流已经成为该工艺实现工业化的障碍[29]。多位科研工作者通过对多达十几种矿物在不同条件下的流态化还原反应研究，发现影响黏结的因素主要有：

（1）还原温度。黏结失流需要一定的温度条件，温度是影响黏结的最主要因素。在一个特定的温度 T_s 以下观察不到黏结失流现象，而 T_s 由矿石性质、还原剂种类和气体流速等因素决定，并且温度越高，越容易发生黏结。在低于 873 K时基本没有发现黏结失流现象[22-23]。在很高的温度条件下，矿石会出现软化或局部液相，从而很容易发生黏结现象，并且这种黏结现象是无法通过改变其他条件而避免的。

（2）气流速度。气流对颗粒的曳力与气流速度成正比，气速越大，颗粒的动量越大，对床层的扰动作用也越大，流化颗粒之间相互碰撞程度也会越激烈，相互接触时间变短，黏结趋势随着动量的增加而减小。另外，高气速对应的黏结温度也相应提高，如图 1-3 所示[3,30-31]。

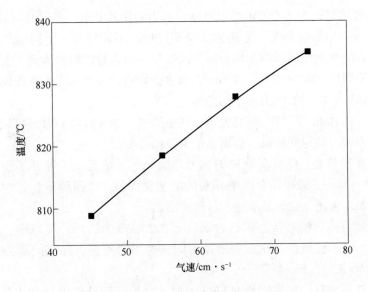

图 1-3　T_s 与气速的关系

（3）还原度和金属化率。铁晶须和新析出铁会引起黏结，说明黏结只有在颗粒表面析出新鲜铁时才会发生。在一定条件下，黏结失流总是在一个特定的还原度 R_s 附近发生，如图 1-4 所示[31-33]。黏结指数随着金属化率的增加而增加，这是由于还原出来的金属铁越多，矿粉之间铁-铁接触的机会越大，黏结程度也随之加剧[34]。

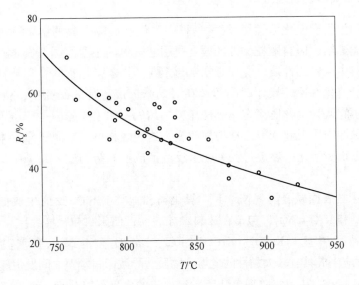

图 1-4　R_s 与温度的关系

（4）气体组成。还原气的组成对流化的影响比较复杂。在以 H_2-CO、H_2-N_2、CO-N_2、CO-CO_2 等混合气作为还原介质研究中，不同成分，不同的气体分压对还原速率和黏结失流的影响作用不同，改变气体组成对矿粉的流化性能有多方面的影响，不同研究者的实验条件不同，起主要影响的机理作用也不相同，也都会对单一气体因素影响研究出现不同的结论[19,35-36]。

此外，Hayashi 等[37-38] 研究表明，在还原气中加入微量的 H_2S 可以使矿粉在还原过程中表面结构变粗糙，抑制黏结失流的发生。

（5）矿粉粒度。气流对颗粒的曳力与颗粒粒径成正比，粒径越小，颗粒动量越小[23]。此外，粒径还会影响颗粒间的接触面积，但是随着粒径的减小，接触面积增加。因此，粒径越小越容易发生黏结。

（6）矿石的颗粒形状。矿石的颗粒形状大概分为三种：类球形、长方柱形和棱角形。由于它们在流化过程中颗粒间的摩擦力不同，黏结的趋势高低顺序为：棱角形>长方柱形>类球形[32]。

（7）矿石成分。在温度低于 1123 K 时，黏结趋势随着矿石中脉石成分的增加而减小[23]，原因可能是脉石成分的增加使颗粒表面金属铁的量变小，并抑制了铁晶须的生长。但是在温度高于 1123 K 时，脉石成分增高还会引起低熔点共熔物造成的黏结，这与脉石的具体成分关系密切。通过对大量不同种类矿石的实验研究发现，黏结与 SiO_2 的含量没有明确的关系，但与 Al_2O_3 含量有关，当 Al_2O_3 含量高于 2%时，没有出现黏结现象[32]。

1.2.2 黏结失流的机理分析

煤炭和生物质流化床燃烧/气化过程中，化学反应生成的熔融物随机地与床料颗粒碰撞黏结，床料颗粒黏性的改变是引起失流的主要原因。其影响因素主要有固体燃料中床料的性质（化学成分、粒径）、碱金属元素的转化特性、操作温度和压力、流化气速、操作时间等。在对黏结形成过程的研究中，Skrifvars[39-41] 通过实验研究认为生物质流态化燃烧床料黏结失流的主要原因是床层颗粒表面出现了液相黏性物质引起床料流动特性改变，这些液相可能来源于床料本身的液态物质、固态物质熔化、燃烧过程中化学反应形成的黏结物质。其黏结机理主要分为两类：

（1）床料表面碱金属（Na、K）氧化物和盐类与 SiO_2 反应生成低熔点物质 Na_2O-$2SiO_2$ 和 K_2O-$4SiO_2$，包覆在床料颗粒表面，使床料粒径增大。

（2）碱金属盐（K_2SO_4、K_2CO_3、KCl、Na_2SO_4）与碱土金属盐（$CaSO_4$、$MgSO_4$）反应生成具有较大黏性的低熔点物质，导致床料颗粒之间发生碰撞黏结。

Öhman 等[42] 基于实验现象认为黏结失流的发生可以分为 3 个步骤：（1）燃烧过程中床层内固态物质熔化为液态物质或化学反应形成熔融物，在液体桥力的作用下引起床层颗粒流动特性改变[43-44]；（2）随着反应进行，熔融物质增多，颗粒包覆层不断增厚，床料颗粒在黏性力的作用下相互碰撞，或者小颗粒黏附在大颗粒表面引起床层内固体颗粒的聚团黏结；（3）聚团颗粒尺寸不断增大，增大到一定程度时导致床层难以维持正常流化，同时随着颗粒聚团的增多，非流化层增加，最终导致黏结失流。另外，通过化学平衡计算与实验比较，也证明了生物质流态化燃烧过程中硅元素与碱金属元素形成的高黏度熔融相引起床料颗粒黏结成块[45]，因此颗粒聚团的形成是引起黏结失流的主要原因。

金属矿物流态化还原过程中的黏结失流是一个相当复杂的问题，在不同条件下，黏结的机理也是不同的。首先，它与气体和颗粒的流体力学性质有关；其次，它与气体和颗粒的物理化学性质有关；再次，它与气体和颗粒的化学反应有关。这些影响因素相互交织、协同作用，造成黏结失流的发生。因此，对黏结机理的认识目前还存在一些争议。本节总结之前文献报道的黏结失流机理分析，大致可分为以下 3 种：

（1）铁晶须相互勾连。众多科研工作者在研究黏结失流问题时发现，金属铁以纤维状结构（铁晶须）沉积在铁矿粉表面，两个矿粉颗粒碰撞时，一个颗粒表面的铁晶须与另一个颗粒表面的铁晶须接触，从而两者相互勾连，两个颗粒黏结在一起，使得颗粒的流化性能降低，颗粒难以流化而相互聚团[23,46-47]。表面铁形貌取决于颗粒的表面特征、粒度、还原温度、还原气成分、固相原子组分等因素。根据 Wagner 理论[47]，表面金属铁的析出形貌取决于表面还原失氧速率和颗粒内部铁离子的固相迁移速率。若铁离子的迁移速率很快，远大于表面化学反应速率，表面化学反应会成为整个反应过程的速控步骤。此时金属铁很难在表面成核，因此一旦成核，大量的铁离子会迅速扩散到成核位点，并持续生长，最终形成铁晶须结构。邵剑华等[48-49] 发现颗粒表面生长出发达的铁晶须，在其支撑作用下失流后的床层与还原前相比都有一定程度的膨胀增高。

（2）大量新还原出来的活性铁。颗粒表面析出的新鲜铁具有很高的表面能和活性，无论是否形成铁晶须结构，当表面金属铁发生接触或碰撞时就会使得颗粒相互粘连[22-23,50]。金属铁的黏性与其在高温下的烧结行为有关。因此，黏结失流的发生强烈依赖于表面铁沉积及其高温黏性。邵剑华等[48-49] 的研究表明金属铁粉在高温下会发生黏结失流。搅拌床层可以短期恢复流化，但随时间的延长其效果逐渐减弱。此外，通过对颗粒粒径的测量与统计分析表明金属铁粉发生了聚团现象。

（3）出现低熔点共熔物。温度在 1123 K 以上，颗粒出现局部过热区域，从而使低熔点成分出现液相。脉石成分的出现会促进液相的产生，因为低熔点共熔物（$CaO\text{-}SiO_2\text{-}FeO$）的生成[23]。液相的出现大大增强了颗粒的表面黏性，同时在液体桥力的作用下促进颗粒的聚团结块，或者液相再凝固而形成固体桥联结。另外，颗粒之间的固相反应产生新生盐类再结晶，出现晶桥联结造成黏结失流。

这种情况一般发生在还原度大于 33% 时 FeO 生成以后。

以上 3 种黏结机理是当前得到认可较多的结论，德国的 R. Degel[51]、加拿大的 J. F. Gransden[22]、澳大利亚的 P. L. M. Wong[52]、日本的 S. Hayashi[32-33] 和中国的方觉[53]、齐渊洪[54] 均认为铁晶须是引起黏结的最主要原因。对没有出现铁晶须的情况，黏结可能是由高表面能的新鲜析出铁造成的。但是它是通过颗粒的具体黏结形式分别推断出其黏结过程，没有得出进一步深层次共性的结论。

以下是通过金属铁的物理化学性质讨论黏结共性的机理：

(1) 烧结作用。在流化过程中，颗粒碰撞时，还原产生的金属铁相互接触，由于表面扩散作用形成固体连接桥，导致颗粒间黏结力的产生。随着时间延长，固体连接桥逐渐长大形成烧结，黏结力也逐渐增大，当黏结力大于气流对颗粒的曳力时，就会发生黏结失流[55-56]。T. Mikami 等[57] 通过对纯铁粉在流化床中的失流研究证实了铁粉颗粒之间烧结颈的存在。但此项研究是针对固体金属粉末，没有对还原过程中的铁氧化物进行研究。

(2) 塑性变形。当温度较高时，颗粒虽然没有达到熔点而出现液相，但是颗粒表面会产生塑性变形，从而使颗粒黏结在一起[58]。塑性变形增加了颗粒间的接触面积，而产生黏结的本质作用—黏结力却没有得到很合理的解释。

(3) 磁化作用。在局部还原的颗粒中，会留下一个未反应的赤铁矿核。从地质学和物理学上讲，赤铁矿会产生热磁残余（TRM）[59]。当赤铁矿加热到 600 ℃时，会产生顺磁性。磁偶极子会对准地球磁场，并且磁场感应会持续到赤铁矿冷却下来。因此，磁化的赤铁矿之间很有可能会产生足以导致颗粒黏结的力[58]。但是，大颗粒赤铁矿在高温、高气速流态化过程中发生黏结的概率很小，此种机理只适合小颗粒赤铁矿低气速流化过程中的黏结现象。

1.2.3　黏结抑制技术的研究进展

研究黏结机理和影响因素，目的是寻找抑制黏结失流的措施，从而使流态化炼铁技术能在钢铁冶金领域得到推广利用。经过长期大量的试验研究，抑制黏结失流的措施大概可以归纳为以下几个方面：

(1) 控制铁晶体形态。金属铁以层状晶析出不会引起黏结，而以铁晶须形态析出时易引起黏结。后来科研工作者针对控制铁晶体形态进而控制颗粒的黏结方面做了大量研究。S. Hayashi 等[60-62] 在实验室流化床中对 14 种矿进行还原发现，当 CO-CO_2 还原气中硫含量刚好低于硫化铁的形成所需量时，可以提高浮氏体的还原速率，因为形成了多孔铁而不是致密状铁。相反，硫含量远低于硫化铁的平衡浓度时就会因为致密状铁的形成而阻碍还原。

(2) 添加惰性隔离物。通过添加其他氧化物与引起黏结的物质反应生成高熔点化合物，避免表面液相出现[63-64]。Öhman[42] 和 Lin 等[64-65] 通过在燃料中添加石灰石、高岭土、碱土金属氧化物的方法，改善了床料的黏结失流特性。邵剑华与赵志龙等[67-68]的研究表明，在铁矿粉中加入 MgO 能有效控制金属铁的析出形貌，抑制铁晶须的成核和生长，从而抑制黏结。此外，一些研究学者发现床层中加入添加剂（MgO、CaO、Al_2O_3 等）能有效抑制黏结的发生，且随着含量的增大黏结趋势减弱[32,69-71]。G. L. Osberg 等[72]研究发现添加少量 C、SiC、ZrO_2 等添加剂作为隔离物，可以稀释床层，具有一定的防黏结效果。

（3）快速循环流化床。此方法最早由西德的 I. L. Reh[73]于 1971 年提出，其特点是床内气体线速度甚高，远超过颗粒的终端流速，使固体不断向上输送，被气体带出，由外旋风器分离收集，再返回床层底部，往复循环。方觉等[74]和 N. S. Srinivasan[75]采用快速循环流化床还原铁矿粉，发现对于抑制黏结失流具有明显作用。

（4）给矿粉颗粒附碳。许多研究证明附碳处理是工业上一种既能有效防止黏结又能加速还原的方法[76]。

（5）郭培民等[77-78]采用分步还原法避免流化床发生黏结现象，并提出了低温快速还原炼铁新技术。

（6）加外力场（声场）。许多研究表明[79-80]，在高强度低频率的声场中，直径大于 400 μm 的 B 颗粒的流化质量并没有得到提高，而直径小于 30 μm 的 C 类颗粒的流化质量得到显著改善。

（7）改进流态化床反应器的设计。为了克服黏结问题，针对流化床反应器设备也进行了相关研究。曾经主要出现过喷射流化床[81]、脉动流化床[82]、搅拌流化床等。

总之，改善黏性颗粒流化性能的方法很多，大致可以分为两大类。一类是本征方法，即降低颗粒黏性，从而控制聚团大小，如添加其他颗粒和黏性颗粒表面改性等。另一类是外力场方法，即向床层施加外力，使聚团破碎，从而改善流化质量。

1.2.4 颗粒黏结失流过程中颗粒之间的相互作用力

流化床中颗粒的聚团和黏结行为主要受不同黏结机理产生的颗粒间作用力控制。针对不同的黏结机理，国内外学者做了大量的实验研究，通过改变颗粒之间的黏性或流化状态来研究不同的黏结过程。颗粒间的黏结力可以分为非接触力和接触力两类[83]，非接触力包括范德华力和静电力等，接触力包括液体桥力和固体桥力等。Berbner[84]对不同类型黏结力的大小进行了排序，其顺序为：静电力（非导体）<静电力（导体）<范德华力<液体桥力<固体桥力。

1.2.4.1 范德华力

范德华力[85]是指分子间相互吸引力的总和。从微观上看，具有不同电子排列的分子瞬时图像，使其具有偶极子的特征，邻近分子受其作用成为诱导偶极子，偶极子和诱导偶极子之间相互引力的综合，使得固体间产生引力。对于半径相等的球形，其颗粒间范德华力的计算公式为：

$$F_V = H \frac{d_p}{24\delta^2} \tag{1-1}$$

式中 F——颗粒间的范德华力；

　　H——Hamaker 常数；

　　d——颗粒粒径；

　　δ——颗粒间距离。

从上式可以看出颗粒间距是决定固体间范德华力最重要的参数，任何增大颗粒间距的方法都会显著地降低范德华力，并因影响粉体的流态化行为[86]。范德华力是在 C 类细颗粒（黏附性颗粒）中导致颗粒黏结的主要原因，也是现有的颗粒黏结现象中主要关注的对象之一。实验表明，范德华力仅在颗粒靠得足够近，间距大约为一个分子大小，例如 0.2~1 nm 时才显著。当颗粒大小约为毫米级时，范德华力与重力相比可忽略，原因在于重力与颗粒直径的立方成正比，而范德华力与颗粒直径的一次方成正比[87]。然而如果表面粗糙度很大，特别是颗粒表面存在亚微米结构，会使得颗粒接触更加紧密，从而可能使整体的范德华力增加。由于压力或温升而导致颗粒表面软化和塑性变形时，其紧密接触面增加，也会增加范德华力。范德华力的量级与颗粒尺寸之间的关系如图 1-5 所示[87]。从

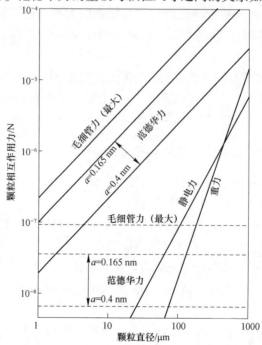

图 1-5 各种颗粒间作用力的量级与颗粒尺寸的关系

图中可以看出，直径为 100 μm 的颗粒之间的范德华力与其重力几乎相等，因此在流化过程中起着重要作用。另外，范德华力属于分子间力，分子间力的非附加性所产生的屏蔽效应也将对其有所影响，由于这种效应，表面特性的改变也可以减小颗粒间的黏性，进而影响粉体的流化行为。对于 C 类细颗粒（黏附性颗粒），往往采用表面改性或修饰的方法来降低黏性力，改善颗粒的流化质量[88-89]。

1.2.4.2 静电力

静电力由于颗粒的接触而产生的接触电位或过剩电荷引起的静电引力。根据库仑定律，两个球形非导体之间的引力为：

$$F_V^{00} = \frac{1}{4\pi\varepsilon_0} \times \frac{16\pi^2 r^4 \varphi_1 \varphi_2}{(a+2r)^2} = \frac{1}{\varepsilon_0} \times \frac{\pi^2 r^2 \varphi_1 \varphi_2}{\left(1+\dfrac{a}{2r}\right)^2} \qquad (1-2)$$

式中　　F_V^{00}——静电力，N；

　　　　ε_0——空隙率，无量纲；

　　　　r——颗粒半径，m；

　　　　φ——颗粒受力方向与垂直方向的夹角。

接触电位引起的静电力一般比范德华力小，而过剩电荷引起的静电力，在粒径为 1 nm 时与范德华力为同一个量级，但当颗粒粒径在 100 μm 以下时则要比范德华力小得多[82]。

1.2.4.3 液体桥力

液体桥力是在有液体存在的情况下产生的一种颗粒间作用力。在流化床中有液相出现的情况下，颗粒表面由于吸附液体而充分浸润，在颗粒间形成液体桥，如图 1-6 所示。液体桥力是使颗粒发生黏结的黏性力之一，由两部分组成，一部分是毛细管力，由表面张力系数决定；另一部分是液体黏性流动产生的动压力[87,90]，由液体黏性系数和颗粒相对运动速度决定。其数学表达式为：

$$F_{lb} = \pi r_2^2 \sigma\left(\frac{1}{r_1} - \frac{1}{r_2}\right) + 2\pi r_2 \sigma \qquad (1-3)$$

式中　　F_{lb}——液体桥力，N；

　　　　r_1，r_2——曲率半径，m；

　　　　σ——液相的表面张力，N。

液体桥力模型是颗粒间距离的函数，其量级也由颗粒间距离决定。实际上，液体桥力主要受液相特性（表面张力、黏度等）和颗粒表面特性（表面粗糙度、球形度、润湿性等）的影响。通过图 1-5 可以看出，液体桥力远大于颗粒自身重力和其他颗粒间作用力，其数量级高出范德华力 1~2 倍。范德华力在实验中很难改变，而液体桥力却能通过改变液量、液相组成以及表面改性等方法较容易地调控，故在流化床中由于液体桥力导致的黏结问题相对容易解决。

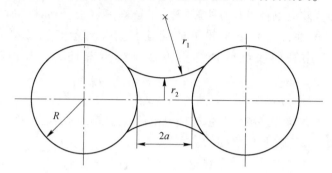

图 1-6 颗粒间毛细管力

1.2.4.4 固体桥力

固体桥力通常是在高温下由固体颗粒表面发生化学反应，或者通过颗粒间形成烧结颈而产生的。烧结是在高温流化床粉体工业中，如矿石粉还原和焙烧中出现的重要现象，是指在低于熔点的温度下加热粉末使其团块收缩而致密化的过程。固体桥力黏结与颗粒烧结在本质上是一致的。流态化过程中出现的由固体桥力引起的黏结现象，实际上是一种特殊的烧结现象。在高温流态化中出现的黏结现象是不利的，应该尽可能地减弱或避免。由烧结产生的固体桥力的量级远大于液体桥力。因此，将烧结理论用于研究和解释高温流态化过程中固体桥力引起的颗粒黏结现象具有十分重要的理论意义。

烧结指的是在过量表面能的作用下，相邻的粉状颗粒之间发生黏结的过程[91]，是一个自发且不可逆的过程。系统表面自由能的降低是烧结过程进行的基本驱动力，使原来高能量的固气界面逐步消除而形成新的低能量的固固界面[92]。颗粒粒度越大，比表面积越小，本征表面自由能驱动力就越小；颗粒粒度越小，比表面积越大，本征表面自由能驱动力就越大。烧结过程如图 1-7 所示。由图可见，烧结过程中，系统的封闭孔减小，开放孔增大[93]，从而形成了新的气体通道。流态化过程中的颗粒黏结主要发生在烧结的早期阶段，即固体桥产生及成长的过程。颗粒间的固体桥产生及成长过程的机制主要有以下 3 种[94]："黏性流动"机制、"蒸发和凝结"机制以及扩散机制，而"扩散"机制又分为体积扩散、表面扩散和晶界扩散。物质黏性流动机制最早由 Frenkel[95] 提出，是指在温度场中，相互接触的颗粒由于拉普拉斯应力的存在而产生的黏性流动。"扩散机制"是由于表面张力的存在，在颈区形成一个负的表面应力，虽然脖颈区的原子空位浓度很高，但是粒子内部保持与此温度下相平衡的空位浓度。因此颈部和粒子之间产生空位浓度梯度，空位流入粒子内，即原子扩散流入颈部使颈部长大，大多数情况下的颈部生长均是由于扩散引起。"蒸发和凝结"机制是指物质原子由颗粒表面蒸发，通过孔洞中的气相迁移并凝聚在颈部凹表面，也是一种传质现象。不同机制导致的颗粒的颈长过程如图1-8所示，烧结颈稳定生长的动力学可归纳为式（1-4）：

$$\left(\frac{x}{a}\right)^n = \frac{F(T)}{a^m}t \tag{1-4}$$

式中　x——两颗粒间接触成长部分（烧结颈）半径，m；

　　　　a——颗粒半径，m；

　　$F(T)$——与材料晶体结构性质相关的温度函数，℃；

　　　　t——烧结时间，s。

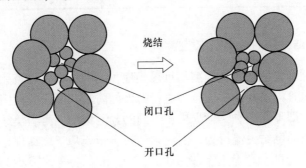

图 1-7　烧结过程示意图

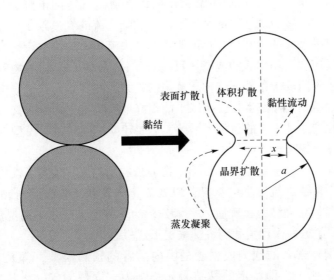

图 1-8　不同机制导致的颗粒的颈长过程

指数 n 和 m 对应着不同的烧结物质的迁移机制，如表1-2所示。

表 1-2　式（1-4）中指数 n 和 m 所对应烧结物质迁移机制

n	m	机制
2	1	黏性流动
3	2	蒸发凝聚
5	3	体积扩散
6	4	晶界扩散
7	4	表面扩散

1.2.5　颗粒黏结失流的数学预测模型

当前关于黏结失流的预测模型很难准确地预测颗粒在何种流化条件下会发生聚团和黏结，也难以对黏结失流行为进行有效的防治。不同的研究学者基于不同的黏结条件下，即不同的黏结力提出了不同的预测模型。由于烧结机制被广泛应用于解释流化床的黏结失流行为，因此国外很多学者基于烧结理论提出了关于流化床黏结失流行为的数学模型，其中以力平衡和能量守恒模型为主。Seville 和 Mikami 等[38,87,96-97] 根据表面原子扩散模型，建立了烧结状态下初始流化速率与温度之间的数学关联，获得了高温流化操作下流化气速的下限。Tardos 等[98-99] 通过聚团破碎力和颗粒黏性力的平衡预测了黏结失流的气速限制。Moseley 等[100] 基于颗粒碰撞模型和能量守恒计算出避免黏结失流所需的最小流化气速。针对存在表面化学反应和新相生成的流态化反应过程，Lin 等[101] 利用物料质量守恒和力平衡预测了不同反应条件下流化床焚烧的黏结时间。然而，这些模型的平衡条件都是基于烧结颈的静态生长，所以不能很好地反映流化颗粒的真实运动，特别是从稳定流化到黏结失流的过程。因此，需要建立准确的数学模型以预测流化床中黏结失流发生的条件。

钟怡伟等[102-103] 在烧结力和曳力平衡分析的基础上，预测了铁粉颗粒在不同流化条件下，黏结失流发生的温度，以及流化气速和流化介质对黏结温度的影响。雷超等[104] 在烧结力和碰撞力平衡分析的基础上，建立了高温流化/失流理论模型，解释了铁粉聚团流化与慢速失流形成机制。

无论是国外学者的预测模型还是国内学者的预测模型，都是基于某一种特定的黏结条件下，即特定的黏结力如烧结力、固桥力等，无法对黏结失流的整个动态过程进行黏结力的合力预测，因此，导致以上模型在实际应用中的局限性。

1.3　颗粒黏结表征方法

1.3.1　颗粒黏结指数

F. M. Stephens 和 B. G. Langston[46] 总结认为黏结失流趋势与颗粒间的黏结力和接触面积成正比，与颗粒动量成反比。方觉教授[3] 对此进行了公式化表示：

$$S_t = f\left(\frac{A_k S_p}{m_p}\right) \tag{1-5}$$

式中　S_t——黏结失流趋势，无量纲；

　　　A_k——发生碰撞时的颗粒接触面积，m^2；

　　　S_p——颗粒表面黏性，$Pa \cdot s$；

　　　m_p——颗粒动量，$kg \cdot m/s$。

在此处，对黏结的表征参数采用了黏结趋势。此外，方觉和姜涛等[28,31] 还采用了黏结温度（T_s）对黏结进行了表征，其意义为黏结发生时的温度，黏结温度越高越不容易黏结。S. Hayashi[33] 定义床层压力突然下降的时间点为黏结时间（t_s），以此描述黏结失流，黏结时间越长越不容易发生黏结。朱凯苏[34] 定义了黏结指数（S）以描述黏结的程度，黏结指数越大，表明黏结程度越严重。其定义式如下：

$$S = \frac{W_1}{W_2} \tag{1-6}$$

式中　S——黏结指数，无量纲；

　　　W_1——试样中大于原颗粒尺寸的试样量，g；

　　　W_2——总试样量，g。

1.3.2　颗粒表面黏度

通过对金属铁固体表面能的计算分析，从热力学上证明颗粒发生黏结失流的趋势以及温度的影响。温度越高，颗粒的表面能越大，颗粒就越容易相互聚团或黏附，进而导致床层失流。但是表面能的概念仅是表征了整个流化床内颗粒群的宏观热力学趋势，无法具体描述颗粒在各种流化条件（粒径、气速、流化介质等）下的黏结失流行为。目前普遍认为流化床内的黏结失流是由颗粒的高温黏性引起的。然而大多数的研究对颗粒高温黏性仅是定性描述和理论推测，缺乏实验证据和定量表征。根据烧结理论，当加热到高于最小烧结温度时，由于表面原子扩散运动加剧，材料表面会发生软化和形变，表面开始表现出类似于流体的黏性，即所谓的固体表面黏度。

固体表面黏度主要表征的是固体表面的软化程度，本质上反映了固体内部原子间的内摩擦力和相互作用。在低温条件下，固体内部原子运动不活跃，黏度变大，随温度升高，原子间距增加，原子内摩擦力降低，颗粒表面软化，黏度降低。可以看出，该固体黏度的概念完全不同于液体黏度。通常液体黏度降低意味着液体分子间相互作用力减弱，液体流动性变好。但固体表面黏度则相反，固体表面黏度降低表明颗粒由于表面烧结和熔化而引起的黏性不断增大，容易导致颗粒聚团和黏附，而固体表面黏度趋于无穷大则表示固体颗粒未表现出黏性。即固体黏度与颗粒黏性呈完全相反的变化趋势。固体黏度的测试方法通常是借助固体负载受力与体积变形之间的关系来获得表面黏度的数值，与液体黏度的测试原理完全不同。

Tardos 等[105] 采用热膨胀仪测定了聚合物和玻璃颗粒在其烧结温度附近的固体表面黏度，并认为可利用表面黏度对床层颗粒的高温流化特性和聚团行为进行定量描述。钟怡伟[103] 等为了研究黏结失流过程中颗粒聚团和黏附机理，采用热机械分析法测定金属铁颗粒的表面黏度，并推导出颗粒间相互作用力。

1.3.3　流化床表观黏度研究现状

黏性是流体的基本特性，黏度是黏性的程度，是对内摩擦力或流动阻力的度量。黏度测量是控制生产流程、保证安全生产、控制与评定产品质量、医学诊断及科学研究的重要手段。具有"流体"属性的流化颗粒床层经实验研究证明同样具有黏度。在流化床分选过程中，床层黏度高，即颗粒间的黏附力强，气流难以均匀作用于颗粒上，易导致沟流、死区、附壁等异常流化现象，使加重质返混增大，床层密度不均匀，从而降低流化床的分选精度。此外，流化床床层黏度的大小决定了入料所需分层时间的长短，若入料在没完成分层即被排出，即分选时间不够，那就意味着实际分选密度的改变，从而影响实际分离密度。在鼓泡气体流化床中，表观黏度对于预测流化床中物体的沉降或上升末速，模拟气泡周围颗粒和浸于流化床中的物体的运动行为都是非常重要的，同时还可以根据黏度大小推测球体在其他介质流化床中的停留时间等[106]。

国内外报道的对流化床黏度的测量研究主要是通过落球法、旋转法和气泡上升法。

1.3.3.1　落球法

Daniels[107] 研究了不同金属球在流化床中的沉降末速（分别研究了流化床中小球上部有无考虑非流化区的情况），采用 Schiller 和 Naumann 的经验关联式反算出了流化床表观黏度，计算的黏度值与球体的直径和运动速度有关，说明流化床具有非牛顿流体特性。R. B. Rozenbaum 和 O. M. Todes[108] 将一个做阻尼振动的小球深入到流化床中，测量了液体流化床的黏度，该方法能使小球在低雷诺数下在流化床中运动，从而保证了测量精度，为阐明气体流化床表观黏度的机制和变化规律提供了参考依据。Brinkert 和 Davidson[109] 通过探测仪探测床层中小球受到的力，根据射流中的速度分布推算出 SiO_2-Al_2O_3 粉末流化床的黏度为 $0.4\ kg/(m \cdot s)$（SiO_2-Al_2O_3 粉体颗粒的当量直径为 70 μm），测量结果与前人的经验数据很接近。

A. C. Rees 和 J. F. Davidson[110] 等用落球法测量了颗粒相鼓泡流化床的表观黏度，该方法认为：（1）每个金属球的末速与它们直径的平方成正比；（2）流化床黏度与剪切率无关，这使得小球的运动可以依据修正的斯托克斯定律进行分析，与 Rees 等[111] 采用的方法一样，他们都考虑了球体上部一定高度的非流化区的影响，得到的结果与经验数据很吻合。通过比较前人对颗粒直径为 60 ~ 550 μm（主要是沙子和玻璃珠）的流化床黏度的测量研究，得出流化床黏度随着床层颗粒粒度的增大而增大，根据 Geldart[112] 颗粒分类法，对于 B 类颗粒物料，流化时的黏度大约为 $1\ kg/(m \cdot s)$。

国内夏麟培等[9] 用磁感测量法对颗粒在浓相悬浮体中的沉降过程进行了实验研究，并用落球法采用 Dallavalle 关联式得到了浓相悬浮体的表观黏度与空隙率的关联式，见式（1-7），悬浮体表观黏度 μ_S 与悬浮体固体浓度（$1-\varepsilon$）的关系如图 1-9 所示，实验装置图见图 1-10。

$$\ln \frac{\mu_S}{\mu_0} = 1.2347 + 1.4189 \times \frac{1-\varepsilon}{\varepsilon_0 - \varepsilon} \tag{1-7}$$

式中　μ_S——悬浮体的表观黏度，Pa·s；

　　　ε——悬浮体的空隙率。

韦鲁滨等[113] 采用落球法测量了密相气固流化床表观黏度，发现流化床的流变特性可以用宾汉黏塑性模型描述，根据 Bingham 流体曳力系数与修正 Reynolds 数的关系进行计算，得到了合理的表观黏度测量结果。床层的有效黏度可由式（1-8）计算：

$$\mu_e = \mu + \frac{\tau_0 d_0}{3\mu_r} \tag{1-8}$$

式中　μ_e——有效黏度，$N \cdot s/m^2$；

　　　μ——塑性黏度，$N \cdot s/m^2$；

　　　τ_0——屈服应力，N/m^2；

　　　d_0——沉降球直径，m；

　　　μ_r——沉降球与颗粒流的相对速度，m/s。

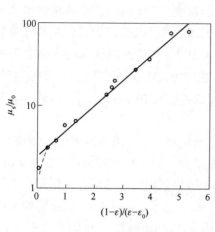

图 1-9 $\mu_s - (1-\varepsilon)$ 关系图

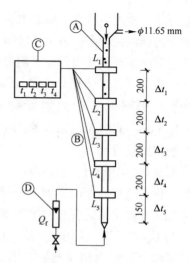

图 1-10 实验装置图

骆振幅[114] 采用示踪球法研究了不同参数，如振动强度，气流速度和床层高度对振动流化床床层黏度的影响，研究表明在临界振动强度范围内，振动强度越大，床层黏度越小。当气速在较小范围内操作时，气速越大，黏度越小，当气速达到临界值，即鼓泡速度后黏度只是略有减小。在同一操作条件下，床层越高，黏度越大，当进入鼓泡床后，床层黏度变化很小。振动强度及气速与床高之间对床层黏度有交互的影响作用，通过比较，三者以振动强度、气速的影响为显著。

宋树磊[115] 用落球法测量了磁稳定流化床的表观黏度，结果表明当磁场强度一定时，随着流化速度的增大，磁稳定流化床的表观黏度减小，当流化速度一定时，表观黏度随着磁场强度的增大而迅速增大。采用的实验系统如图 1-11 所示。

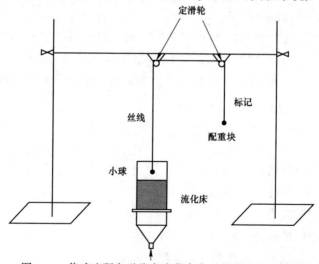

图 1-11 落球法研究磁稳定流化床表观黏度的实验系统

落球法测量流化床的床层黏度，其测试方法简单，不仅可以测量液固流化床的床层黏度，还可用于测量气固流化床的床层黏度。比较而言，落球法更适用于液固流化床床层黏度的测量，测试结果与经验值比较接近。对于气固流化床，由于小球受到床层的扰动比较大，运动速度不稳定，并且小球的沉降末速很难精确测量，此时用落球法测量会存在较大误差。

1.3.3.2 旋转法

Matheson 等[116] 用改良的桨式 Stormer 黏度计首次测量了流化床的表观黏度，桨有 19 mm 宽，38.1 mm 高，桨深入流化床的深度为 76.2 mm，由于桨式转子会改变流化床颗粒运动的结构，故其结果只是定性的。随后，Kramers[117]、Furukawa 和 Ohmae[118]、Shuster 和 Haas[119]、Grace[120] 也报道了使用 Stormer 黏度计测量了流化床的黏度，发现流化床的黏度随颗粒粒径和固体密度的增大而增大，而床层黏度随床高增大主要是受到的重力影响，重力对床层的空隙率有显著影响。

Schugerl[121-122] 采用库尔特（Couette）黏度计，利用巴罗斯基法，将测得的规则剪切图转化为流动方程，从而得到黏度。结果表明流化床的黏度因物系不同而异，粗颗粒物料的流化床黏度较高，而细颗粒物料的流化床黏度较低，流化床的黏度随操作速度的增大而减少，当气速达到某一值时，除细颗粒物料外，其余黏度趋于恒定。

Hagyard 和 Sacerdote[123] 将运动黏度与归一化速度（流速/颗粒直径）的关系进行了关联，指出流化床的黏度与流化速度有密切关系。在低速时，床层运动黏度很高，而在高速时，床层运动黏度与流速无关。

Sayavur Ⅰ.Bakhtiyarov 和 Ruel A. Overfelt[124] 使用 Brookfield HADV-Ⅱ+旋转黏度计在较宽剪切率条件下，测量了微重力下流化床的黏度，研究了石英砂在不同重力条件下的气体流化床中的流化情况，发现在微重力下，流化床的表观黏度显著降低，如图 1-12 所示。

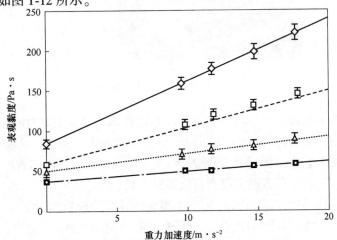

图 1-12　表观黏度施加的重力加速度的变化情况

石英砂的粒度范围 0.150 mm<d_p<0.212 mm，◇—ω=10 r/min；□—ω=30 r/min；△—ω=60 r/min；○—ω=100 r/min

Gibilaro[125] 等通过简单流体动态模拟得出表观黏度，关联式为：

$$\mu_{app} = \mu_f(1 - \varphi)^{-2.8} \tag{1-9}$$

式中　μ_{app}——流化床表观黏度，Pa·s；

μ_f——流化黏度，Pa·s；

φ——固体体积分数，无量纲。

当固体体积分数为 0.4 时，通过该公式计算得到的表观黏度与经验数据很吻合，当固体体积分数为 0.6 时，颗粒间的相互作用此时起主导作用，测得的黏度与从公式（1-9）中得到的结果有很大偏离，更多测量结果表明公式（1-9）比较适合液固流化床表观黏度的测量。

D. Geldart 和 E. C. Abdullah[126] 等用 WSBCT（Warren Spring Brodford Cohension Tester）黏度测量仪测量了粉体颗粒流化时的黏度，并作为评价粉体颗粒流化输送过程中流动性的指标，该黏度仪如图 1-13 所示。

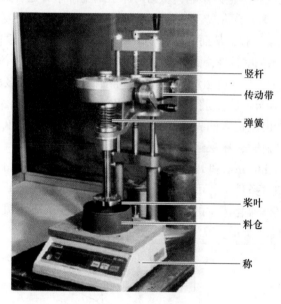

图 1-13　WSBCT 黏度测试仪

AlessandroColafigli 和 Luca Mazzei[127] 等用库尔特黏度计 CFBR（The Couette Fluidized-Bedrheometer）测量了细颗粒气体流化床的表观黏度，实验中通入的气体为氮气，结果表明流体呈现出假塑性行为，床层的表观黏度随着剪切率的增大而显著减小。实验中用到的黏度测量仪如图 1-14 所示。

国内郭法仪等[128] 采用国产 NDJ-1 型旋转黏度计成功测量了气-固流化床的床层黏度，实验流程如图 1-15 所示，其中 1 为 U 型压力计，2 为黏度计，3 为流化器，4 为转子流量计，5 为氮气。

图 1-14 库尔特流化床黏度计

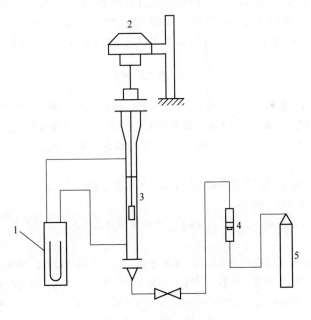

图 1-15 实验流程图

实验结果表明，当床层气速接近零时，黏度测量误差变大，此时床层显示出越来越大的固体特性。当气速超过起始鼓泡点速度很多时，床层内发生激烈的气泡搅拌和湍动，使测量误差增大。当气速在起始鼓泡速度以下时，黏度测量值最准确。

前人的经验表明，使用旋转式黏度计且元件在低转速下运转时，测得的床层黏度值与实际值较接近。并且转子对床层的扰动越小，测量的精度越高。而黏度计的型号和转体/转速等参数选取的不同，会得到不同结果，进而影响测量的精度。在测量颗粒相气固流化床的床层黏度时如何减小转子对床层的扰动将成为今后研究的重点。

1.3.3.3　气泡上升法

Grace[120] 通过 X 光摄影比较了黏性液体流中气泡的形状，并据此推断了颗粒相流化床的表观黏度。Murray[129] 通过研究气泡在流化床中的运动预测了流化床的表观黏度，在实验中观察到气泡上升的速度随着空隙率的增大而增大，而这种方法的可靠性有待在理论上进一步证实。Stewart[130] 报道过通过流化床内气泡上升中的压力测量得出流化床的黏度。Row 和 Partridge[131] 通过对流化床中气泡尺寸的测量估计了流化床的表观黏度。

Katsumi Tsuchiya[132] 等用气泡上升法测量了液固流化床中悬浮体的黏度，实验在高固体容积浓度（0.48~0.57）和宽气泡尺寸范围（2~23 mm）下进行，结论表明只要气泡尺寸大于 12~17 mm，在任何固体容积浓度下，牛顿定理均可适用，在给定一固体容积浓度下，根据气泡在牛顿型流体中的上升速度获得了悬浮液的有效黏度，与用 Mooney 关联式得到的数据相吻合。当气泡尺寸小于 12~17 mm 时，液固悬浮液黏度与对应条件下的牛顿型流体中的数据相偏离。

参 考 文 献

[1] 金涌，祝京旭，汪展文，等. 流态化工程原理 [M]. 北京：清华大学出版社，2001.
[2] 陈津，林万明，赵晶. 非焦煤冶金技术 [M]. 北京：化学工业出版社，2007.
[3] 方觉，王杏娟，石炎，等. 非高炉炼铁工艺与理论 [M]. 2 版. 北京：冶金工业出版社，2010.
[4] 黄雄源，周兴灵. 现代非高炉炼铁技术的发展现状与前景（二）[J]. 金属材料与冶金工程，2008，36（1）：54-58.
[5] 郭培民，赵沛，庞建明，等. 熔融还原炼铁技术分析 [J]. 钢铁钒钛，2009，30（3）：1-9.
[6] 杨婷. 世界直接还原铁发展现状及未来发展动向 [J]. 冶金信息，1999，（2）：24-28.
[7] Deimek G. FINMET 直接还原铁厂的生产情况 [J]. 钢铁，2000，35（12）：13-15.
[8] Kolbeinsen L. Modelling of DRI Processes with two simultaneously active reducing gases [J]. Steel Research International，2010，81（10）：819-828.

［9］夏麟培，陈丙瑜，苏雁，等．单颗粒在浓相悬浮体中的沉降运动［J］．化工冶金，1996，（1）：48-52.

［10］张殿伟，郭培民，赵沛．现代炼铁技术进展［J］．钢铁钒钛，2006，27（2）：26-32.

［11］周渝生．煤基熔融还原炼铁新工艺开发现状评述［J］．钢铁，2005，40（11）：1-8.

［12］王定武．几种非高炉炼铁技术现状及其发展［N］．世界金属导报，2010-06-15：010.

［13］张寿荣，张绍贤．韩国浦项钢铁公司FINEX工艺［J］．钢铁，2009，44（5）：1-5.

［14］Chang-Oh K. The FINEX Process emerging at new steel era［J］. Journal of Iron and Steel Research International, 2009, 16: 87-92.

［15］王筱留．钢铁冶金学（炼铁部分）［M］．北京：冶金工业出版社，2006：80-82.

［16］邵剑华，张虎成，方觉，等．流化床和竖炉对熔融还原流程煤耗的影响［J］．钢铁研究学报，2008，20（3）：5-8.

［17］黄雄源，周兴灵．现代非高炉炼铁技术的发展现状与前景（一）［J］．金属材料与冶金工程，2007，35（6）：49-56.

［18］吴占松，马润田，汪展文．流态化技术基础及应用［M］．北京：化学工业出版社，2006.

［19］邵剑华．流态化炼铁颗粒黏结机理与抑制黏结关键技术基础研究［D］．北京：北京科技大学，2012.

［20］毕学工，严渝锸．流化床技术及其在高炉炼铁中应用前景分析［J］．鞍钢技术，2012，（1）：1-6.

［21］赵庆杰．我国非高炉炼铁技术现状及展望［N］．世界金属导报，2008-01-15（010）.

［22］Gransden J F, Sheasby J S. Sticking of iron ore during reduction by hydrogen in a fluidized bed［J］. Canadian Metallurgical Quarterly, 1974, 13（4）: 649-657.

［23］Komatina M, Gudenau H W. The sticking problem during direct reduction of fine iron ore in the fluidized bed［J］. Metalurgija Journal of Metallurgy, 2005, 10（4）: 309-328.

［24］Bartels M, Lin W G, Nijenhuis J, et al. Agglomeration in fluidized beds at high temperatures: mechanisms, detection and prevention［J］. Progress in Energy and Combustion Science, 2008, 34（5）: 633-666.

［25］Fan L S. Chemical looping systems for fossil energy conversions［M］. Hoboken: John Wiley & Sons, 2010.

［26］Adanez J, Abad A, Garcia-Labiano F, et al. Progress in chemical-looping combustion and reforming technologies［J］. Progress in Energy and Combustion Science, 2012, 38（2）: 215-282.

［27］Son S R, Kim S D. Chemical-looping combustion with NiO and Fe_2O_3 in a thermobalance and circulating fluidized bed reactor with double Loops［J］. Industrial & Engineering Chemistry Research, 2006, 45（8）: 2689-2696.

［28］方觉，郝素菊，李振国，等．非高炉炼铁工艺与理论［M］．北京：冶金工业出版社，2003.

［29］邵剑华．流态化还原铁矿粉技术前景分析［J］．冶金能源，2010，29（2）：18-22.

［30］Reichhold A, Kronberger B, Friedl G. Temporary defluidization in fine powder fluidized beds caused by changing the fluidizing gas [J]. Chemical Engineering Science, 2006, 61 (8): 2428-2436.

[31] 姜涛, 储满生. 流化床黏结失流实验研究 [J]. 本溪冶金高等专科学校学报, 1999, 1 (4): 14-16.

[32] Hayashi S, Iguchi Y. Factors affecting the sticking of fine iron ores during fluidized bed reduction [J]. ISIJ International, 1992, 32 (9): 962-971.

[33] Hayashi S, Sayama S, Iguchi Y. Relation between sulfur pressure and sticking of fine iron ores in fluidized bed reduction [J]. ISIJ International, 1990, 30 (9): 722-730.

[34] 朱凯荪, 王建军, 李卫国. 二步法熔融还原中流态化预还原过程的黏结机理及其预防的研究 [J]. 华东冶金学院学报, 1989, 6 (3): 47-54.

[35] 钟怡玮. 气固高温流态化反应过程黏结失流机理研究 [D]. 北京: 中国科学院大学, 2012.

[36] 张奔. Fe_2O_3 颗粒流态化气体还原黏结失流基础研究 [D]. 北京: 北京科技大学, 2012.

[37] Hayashi S, Iguchi Y. Influence of gangue species on hydrogen reduction rate of liquid wustite in gas-conveyed systems [J]. ISIJ International, 1995, 35 (3): 242-249.

[38] Hayashi S, Iguchi Y. Production of iron carbide from iron ores in a fluidized bed [J]. ISIJ International, 1998, 38 (10): 1053-1061.

[39] Skrifvars B J, Hupa M, Hiltunen M. Sintering of ash during fluidized bed combustion [J]. Industrial & Engineering Chemistry Research, 1992, 31 (4): 1026-1030.

[40] Skrifvars B J, Öhman M, Nordin A, et al. Predicting bed agglomeration tendencies for biomass fuels fired in FBC boilers: a comparison of three different prediction methods [J]. Energy & Fuels, 1999, 13 (2): 359-363.

[41] Skrifvars B J, Hupa M, Backman R, et al. Sintering mechanisms of FBC ashes [J]. Fuel, 1994, 73 (2): 171-176.

[42] Öhman M, Nordin A, Skrifvars B J, et al. Bed agglomeration characteristics during fluidized bed combustion of biomass fuels [J]. Energy & Fuels, 2000, 14 (1): 169-178.

[43] Kuo J H, Lin C L, Wey M Y. Effect of alkali concentrations and operating conditions on agglomeration/defluidization behavior during fluidized bed air gasification [J]. Powder Technology, 2011, 214 (3): 443-446.

[44] Lin W, Dam-Johansen K, Frandsen F. Agglomeration in bio-fuel fired fluidized bed combustors [J]. Chemical Engineering Journal, 2003, 96 (1): 171-185.

[45] Lin C L, Wey M Y. The Effect of mineral compositions of waste and operating conditions on particle agglomeration/defluidization during incineration [J]. Fuel, 2004, 83 (17): 2335-2343.

[46] Stephens F M, Langston B G. Direct reduction of fine iron ore concentrates in a self-agglomerating fluidized bed [J]. Journal of the Electrochemical Society, 1960, 107 (3): C70-C70.

[47] Nicolle R, Rist A. The mechanism of whisker growth in the reduction of wüstite [J]. Metallurgical Transactions B, 1979, 10 (3): 429-438.

［48］ 邵剑华，郭占成，唐惠庆. 流态化还原铁精粉黏结过程试验研究 ［J］. 钢铁，2011，46 （2）：7-11.

［49］ Shao J H, Guo Z C, Tang H Q, Influence of temperature on sticking behavior of iron powder in fluidized bed ［J］, ISIJ International, 2011, 51 （8）: 1290-1295.

［50］ Gransden J F, Sheasby J S, Bergougnou M A. An investigation of defluidization of iron ore during reduction by hydrogen in a fluidized bed ［J］. Chemical Engineering Progress, Symposium Series, 1970, 66 （105）: 208-214.

［51］ Degel R. Eisenerzreduktion in der wirbelschiht mit wasserstoffreichem gas: ticking und ansatze ［D］. Aachen: RWTH Aachen, 1996.

［52］ Wong P L M, Kim M J, Kim H S, et al. Sticking behaviour in direct reduction of iron ore ［J］. Ironmaking & Steelmaking, 1999, 26 （1）: 53-57.

［53］ 方觉. 流化床铁矿石还原的黏结失流机理 ［J］. 钢铁，1991，26 （5）：11-14.

［54］ 齐渊洪，许海川. 还原流化床内铁的析出形态与铁矿粉的黏结行为 ［J］. 钢铁研究学报，1996，8 （5）：7-11.

［55］ You C F, Luan C, Wang X. An evaluation of solid bridge force using penetration to measure rheological properties ［J］. Powder Technology, 2013, 239: 175-182.

［56］ Luan C, You C. A novel experimental investigation into sintered neck tensile strength of ash at high temperatures ［J］. Powder Technologyv, 2015, 269: 379-384.

［57］ Mikami T, Kamiya H, Horio M. The Mechanism of defluidization of iron particles in a fluidized bed ［J］. Powder Technology, 1996, 89 （3）: 231-238.

［58］ Blundell D L. The agglomeration of fine iron particles in a fliudized bed cascade ［D］. Wollongong: University of Wollongong, 2005.

［59］ Collinson D W. Instruments and techniques in paleomagnetism and rock magnetism ［J］. Reviews of Geophysics, 1975, 13 （5）: 659-686.

［60］ Hayashi S, Iguchi Y, Hirao J. Acceleration effect of a small amount ofsulphur in reducing gas on the reduction of wustite and its interaction with that of CaO ［J］. Journal Japan Institute Metals, 1984, 48 （4）: 383-390.

［61］ Hayashi S, Iguchi Y, Hirao J. Effects of the oxygen andsulphur potentials in reducing gas on the reduction rate of wustite and morphology of reduced iron ［J］. Transactions ISIJ, 1984, 24 （2）: 143-146.

［62］ Hayashi S, Iguchi Y. Abnormal swelling during reduction of binder bonded iron ore pellets with $CO-CO_2$ gas mixtures ［J］. ISIJ International, 2003, 43 （9）: 1370-1375.

［63］ Chou J D, Lin C L. Inhibition of agglomeration/defluidization by different calcium species during fluidized bed incineration under different operating conditions ［J］. Powder Technology, 2012, 219: 165-172.

［64］ Lin C L, Kuo J H, Wey M Y, et al. Inhibition and promotion: the effect of earth alkali metals and operating temperature on particle agglomeration/defluidization during incineration in fluidized bed ［J］. Powder Technology, 2009, 189 （1）: 57-63.

［65］ Lin C L, Tsai M C. The effect of different calcium compound additives on the distribution of bottom ash heavy metals in the processes of agglomeration and defluidization [J]. Fuel Processing Technology, 2012, 98: 14-22.

[66] VanEyk P J, Kosminski A, Ashman P J. Control of agglomeration and defluidization during fluidized-bed combustion of south australian low-rank coals [J]. Energy & Fuels, 2011, 26 (1): 118-129.

[67] Shao J, Guo Z, Tang H. Effect of coating MgO on sticking behavior during reduction of iron ore concentrate fines in fluidized bed [J]. Steel Research International, 2013, 84 (2): 111-118.

[68] 赵志龙, 唐惠庆, 郭占成. CO 气氛下碱土金属氧化物对金属铁析出行为的影响 [J]. 中国科学 E 辑: 技术科学, 2012, 42 (12): 1388-1394.

[69] 周勇, 张涛, 唐海龙. 铁矿粉流化床直接还原防止黏结的试验研究 [J]. 钢铁钒钛, 2012, 33 (4): 34-39.

[70] 王建军, 李兆丰. 铁矿粉流态化还原防黏机理研究 [J]. 过程工程学报, 2010, 10 (S1): 31-36.

[71] 李兆丰, 王建军, 付元坤, 等. 流态化预还原中白云石防止铁矿粉黏结机理的研究 [J]. 安徽工业大学学报, 2010, 27 (2): 103-107.

[72] Osberg G L, Tweedle T A. Reduction of iron ore concentrate with hydrogen in a screen-packed fluidized bed [J]. Industrial & Engineering Chemistry Process Design and Development, 1966, 5 (1): 87-90.

[73] Reh I L. New and efficient high-temperature processes with circulating fluid bed reactors [J]. Chemical Engineering & Technology, 1995, 18 (2): 75-89.

[74] 储满生, 方觉. 循环流化床铁矿石直接还原动力学 [J]. 东北大学学报, 2002, 23 (1): 32-34.

[75] Srinivasan N S. Reduction of iron oxides by carbon in a circulating fluidized bed reactor [J]. Powder Technology, 2002, 124 (1): 28-39.

[76] Bahgat M. Technology of iron carbide synthesis [J]. Journal of Materials Science & Technology, 2006, 22 (3): 423-432.

[77] 赵沛, 郭培民. 基于低温快速预还原的熔融还原炼铁流程 [J]. 钢铁, 2009, 12: 12-16.

[78] 赵沛, 郭培民. 低温冶金技术理论与技术发展 [J]. 中国冶金, 2012, 22 (5): 1-9.

[79] Xu C, Cheng Y, Zhu J. Fluidization of fine particles in a sound field andidentification of group C/A particles using acoustic waves [J]. Powder Technology, 2006, 161 (3): 227-234.

[80] Chironea R, Massimilla L, Russoa S. Bubble-free fluidization of a cohesive powder in an acoustic field [J]. Chemical Engineering Science, 1993, 48 (1): 41-52.

[81] 邵剑华. 流态化炼铁技术的必要性与研究现状 [J]. 中国冶金, 2011, 21 (8): 1-7.

[82] 尹国亮. 典型矿粉流态化特性与还原黏结机理研究 [D]. 重庆: 重庆大学, 2014.

[83] 赵海亮, 由长福, 黄斌, 等. 亚微米燃烧源颗粒物间的相互作用研究 [J]. 工程热物理学报, 2007, 27 (6): 1063-1065.

[84] Berbner S, Löffler F. Influence of high temperatures on particle adhesion [J]. Powder

Technology, 1994, 78 (3): 273-280.

[85] Israelchvili J N. Intermolecular and Surface Force [M]. New York: Academic Press, 1992.

[86] Visser J. Van der waals and other cohesive forces affecting powder fluidization [J]. Powder Technology, 1989, 58 (1): 1-10.

[87] Seville J P K, Willett C D, Knight P C. Interparticle forces in fluidisation: a review [J]. Powder Technology, 2000, 113 (3): 261-268.

[88] Schenk J L. Recent status of fluidized bed technologies for producing iron input materials for steelmaking [J]. Particuology, 2011, 9 (1): 14-23.

[89] 周涛, 李洪钟. 黏附性颗粒添加组分流态化实验 [J]. 化工冶金, 1998, (3): 40-45.

[90] Ennis B J, Tardos G I, Pfeffer R. A microlevel-based characterization of granulation phenomena [J]. Powder Technology, 1991, 65 (1/2/3): 257-272.

[91] Al-Otoom A, Bryant G, Elliott L, et al. Experimental options for determining the temperature for the onset of sintering of coal ash [J]. Energy & Fuels, 2000, 14 (1): 227-233.

[92] Al-Otoom A, Elliott L, Wall T, et al. Measurement of the sintering kinetics of coal ash [J]. Energy & Fuels, 2000, 14 (5): 994-1001.

[93] Nowok J W, Benson S A, Jones M L, et al. Sintering behaviour and strength development in various coal ashes [J]. Fuel, 1990, 69 (8): 1020-1028.

[94] 果世驹. 粉末烧结理论 [M]. 北京: 冶金工业出版社, 1998.

[95] Frenkel J. Viscous flow of crystalline bodies under the action of surface tension [J]. Journal of Physics, 1945, 9: 385-391.

[96] Seville J P K, Silomon-Pflug H, Knight P C. Modelling of sintering in high temperature gas fluidisation [J]. Powder Technology, 1998, 97 (2): 160-169.

[97] Knight P C, Seville J P K, Kamiya H, et al. Modelling of sintering of iron particles in high-temperature gas fluidisation [J]. Chemical Engineering Science, 2000, 55 (20): 4783-4787.

[98] Tardos G I, Mazzone D, Pfeffer R. Destabilization of fluidized beds due to agglomeration part I: theoretical model [J]. Canadian Journal of Chemical Engineering, 1985, 63 (3): 377-383.

[99] Tardos G I, Mazzone D, Pfeffer R. Destabilization of fluidized beds due to agglomeration part II: experimental verification [J]. Canadian Journal of Chemical Engineering, 1985, 63 (3): 384-389.

[100] Moseley J L, O'Brien T J. A model for agglomeration in a fluidized bed [J]. Chemical Engineering Science, 1993, 48 (17): 3043-3050.

[101] Lin C L, Wey M Y, Lu C Y. Prediction of defluidization time of alkali composition at various operating conditions during incineration [J]. Powder Technology, 2006, 161 (2): 150-157.

[102] Zhong Y W, Wang Z, Guo Z C, et al. Defluidization behavior of iron powders at elevated temperature: Influence of fluidizing gas and particle adhesion [J]. Powder Technology, 2012, 230: 225-231.

[103] Zhong Y W, Wang Z, Guo Z C, et al. Prediction of defluidization behavior of iron powder in a fluidized bed at elevated temperatures: theoretical model and experimental verification [J]. Powder Technology, 2013, 249: 175-180.

[104] Lei C, Zhu Q, Li H. Experimental and theoretical study on the fluidization behaviors of iron powder at high temperature [J]. Chemical Engineering Science, 2014, 118: 50-59.

[105] Tardos G I. Measurement of surface viscosities using a dilatometer [J]. The Canadian Journal of Chemical Engineering, 1984, 62 (6): 884-887.

[106] 籍永华, 秦丙克, 赵跃民, 等. 流化床表观黏度测量研究现状 [J]. 六盘水师范高等专科学校学报, 2010, 22 (6): 42-46.

[107] Daniels T C. Density separation in gaseous fluidized beds [J]. Rheology of Disperse Systems, 1959, 5: 211-221.

[108] Rozenbaum R B, Todes O M. Viscosity of a water-fluidized bed [J]. Leningrad Mining Institute, 1977, 32 (2): 257-263.

[109] Brinkert J, Davidson J F. Particle jets in fluidized beds [J]. Chemical Engineering Research&Design, 1993, 71 (3): 334-336.

[110] Rees A C, Davidson J F, Dennis J S, et al. The apparent viscosity of the particulate phase of bubbling gas-fluidized beds a comparison of the falling or rising sphere technology with other methods [J]. Chemical Engineering Research & Design, 2007, 85 (10): 1341-1347.

[111] Rees A C, Davidson J F, Dennis J S, et al. The rise of a buoyant sphere in a gas-fluidized bed [J]. Chemical Engineering Science, 2005, 60 (4): 1143-1153.

[112] Geldart D. Types of gas fluidization [J]. Powder Technology, 1973, 7 (5): 285-292.

[113] 韦鲁滨, 陈清如, 赵跃民. 用落球法测量悬浮体表观黏度 [J]. 化工冶金, 2000, 21 (2): 187-190.

[114] 骆振福, 赵跃民. 流态化分选理论 [M]. 徐州: 中国矿业大学出版社, 2002.

[115] 宋树磊, 空气重介磁稳定流化床分选细粒煤的基础研究 [D]. 北京: 中国矿业大学, 2009.

[116] Matheson G L, Herbst W A, Holt P H. Characteristics of fluid-solid systems [J]. Industrial and Eegineering Chemistry, 1949, 41 (6): 1098-1104.

[117] Kramers H. On the viscosity of a bed of fluidized solids [J]. Chemical Engineering Science, 1951, 1 (1): 35-37.

[118] Furukawa J, Ohmae T. Liquidlike properties of fluidized system [J]. Industrial and Engineering Chemistry, 1958, 50 (5): 821-828.

[119] Shuster W W, Haas F C. Point viscosity measurements in a fluidized bed [J]. Journal of Chemical and Engineering Data, 1960, 5 (4): 525-530.

[120] Grace J R. The viscosity of fluidized beds [J]. The Canadian Journal of Chemical Engineering, 1970, 48 (1): 30-33.

[121] Schugerl K, Merz M, Fetting F. Rheologische eigenschaften von gasdurchstromen fleiessbett-systemen [J]. Chemical Engineering Science, 1961, 15 (1/2): 1-38.

[122] 郭慕孙, 庄一安. 流态化-垂直系统中均匀球体和流体的运动 [M]. 北京: 科学出版

社, 1963.

[123] Hagyard T, Sacerdote A M. Viscosity of suspesions of gas-fluidized systems [J]. Industrial & Engineering Chemistry Fundamentals, 1966, 5 (4): 500-508.

[124] Bakhtiyarov S I, Overfelt R A. Fluidized bed viscosity measurements in reduced gravity [C]. Powder Technology, 1998, 99: 53-59.

[125] Gibilaro L G, Felice K D, Pagliai P R. On the apparaent viscosity of a fluidized bed [J]. Chemical Eingineering Science, 2007, 62 (1): 294-300.

[126] Geldart D, Abdullah E C, Verlinden A. Characterisation of dry powders [J]. Powder Technology, 2009, 190 (1): 70-74.

[127] Colafigli A, Mazzei L, Lettieri P, et al. Apparent viscosity measurements in a homogeneous gas-fluidized bed [J]. Chemical Engineering Science, 2009, 64 (1): 144-152.

[128] 郭法仪, 何忠尧, 乔玉树. 气-固流化床床层黏度的测量 [J]. 黎明化工, 1989 (3): 17-19.

[129] Murray J D. On the viscosity of a fluidized system [J]. Rheologica Acta, 1967, 6 (1): 27-30.

[130] Stewart P S B, Davidson J F. Slug flow in fluidised beds [J]. Powder Technology, 1967, 1 (2): 61-80.

[131] Rowe P N, Partridge B A. Note on Murray's paper on bubbles in fluidized beds [J]. Journal of Fluid Mechanics, 1965, 23 (3): 583-584.

[132] Tsuchiya K, Furumoto A, Fan L S, et al. Suspension viscosity and bubble rise velocity in liquid-solid fluidized beds [J]. Chemical Eegineering Science, 1997, 52 (3): 3053-3066.

2 粉体表观黏度实验测定原理和表征方法确定

2.1 粉体颗粒黏性概念解析

黏性是流体的基本属性，黏度是流体黏性程度的表征方式，是对流体内摩擦力或流动阻力的度量。通过把粉体的流变特性与流体的流变特性对比发现，粉体的流变特性与流体的流变特性有相似之处。流体流变特性的表征主要是通过流体黏度的测定，当前颗粒流体黏性的表征方式主要是用固体表面黏度，其主要理论依据是烧结理论，当固体颗粒加热到高于其烧结温度时，由于颗粒表面的原子扩散运动加剧，颗粒表面发生软化和形变，开始表现出类似于流体的黏性，即固体表面黏度[1]。固体表面黏度主要表征的是颗粒表面的软化程度，本质上是对颗粒内部原子间的内摩擦力和相互作用的表征。在低温条件下，颗粒表面原子运动不活跃，黏度较大；在高温条件下，原子间距要增大，原子内摩擦加剧，颗粒表面软化，黏度增大。然而，液体黏度降低通常表明液体分子间相互作用力减弱，液体流变特性变好，由此看出，固体表面黏度的概念与液体黏度的概念完全不同，固体表面黏度与颗粒流动性呈相反趋势，颗粒表面黏度越大，颗粒运动阻力越小，流动性越好。因此，急需一种与流体黏度概念相似的方法来表征颗粒流体黏性的概念。由此，本研究提出用粉体颗粒表观黏度来表征粉体颗粒之间的相互作用力。基于能量耗散的原理，将桨叶在粉体颗粒中旋转受到的扭矩用于计算粉体表观黏度，以期了解粉体流动、流化过程的粉体力学本质，建立实验检测方法，为流化床黏结失流的研究提供一些关键科学基础数据和信息。

本章节重点探讨的是一种表征粉体颗粒高温黏性的参数——颗粒表观黏度，在表观黏度测定原理层面进行了解析和推导，对粉体颗粒的表观黏度测定方法进行了确定，并对测定过程中的一些实验参数如桨叶角度、桨叶浸入粉体位置、桨叶转速等对表观黏度测定结果的影响进行了分析讨论。最后，通过提出粉体颗粒表观黏度的概念及实验测定方法的确定，可以对粉体颗粒黏性特别是其高温黏性进行有效定量表征，为流化床高温黏结失流的分析研究提供了方法和数据支持，从而进一步加强对流化床黏结失流问题的预测和控制。

2.2　实验仪器与材料

　　粉体表观黏度的测定采用的是自主研发设计的高温高压粉熔体黏度计（见图 2-1），实验装置内部结构如图 2-2 所示，其主要由冷却系统、旋转系统、加热系统和测量系统组成。加热系统采用 U 形 $MoSi_2$ 作为加热元件，$Pt-6\%Rh/Pt-30\%Rh$ 热电偶置于盛放粉（熔）体的 Al_2O_3 坩埚的正下方，并且热电偶和坩埚均处于炉膛的恒温带（温差变化控制在 2 ℃ 以内）以确保热电偶测得的温度就是粉（熔）体的温度。旋转黏度计的转子由传统的圆柱形转子转换成桨叶形转子（见图 2-2（b）），黏度计配备双扭矩传感器，量程分别为 $0 \sim 0.005$ N·m 和 $0 \sim 0.5$ N·m，粉体表观黏度测定采用较大的扭矩传感器，其量程为 $0 \sim 0.5$ N·m。

图 2-1　高温高压粉熔体黏度计示意图

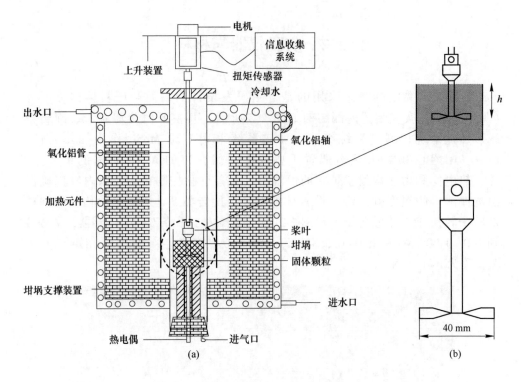

图 2-2 实验装置内部结构

(a) 高温粉熔体黏度计内部结构示意图；(b) 桨叶结构示意图

　　实验所用的粉体颗粒为北京兴荣源科技有限公司生产的分析纯铜粉和铁粉颗粒，纯度大于 99.9%，其粒度分布如图 2-3 所示，粉体颗粒物理特性如表 2-1 所示。

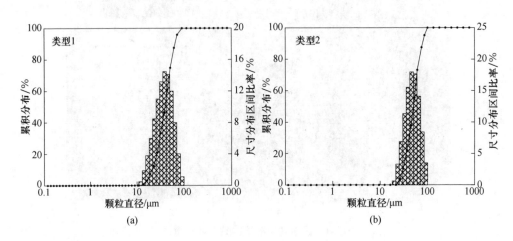

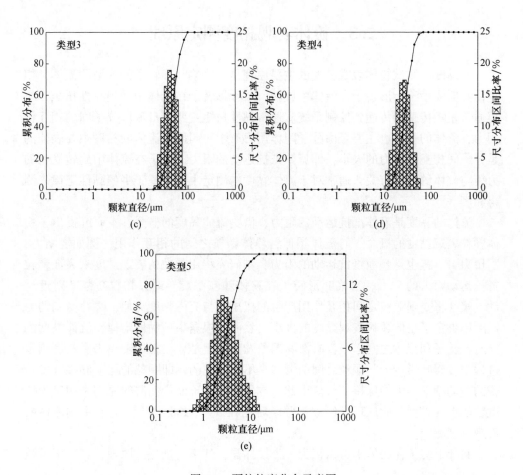

图 2-3 颗粒粒度分布示意图

表 2-1 颗粒物理特性

类型	成分	粒径/μm	颗粒形状	纯度/%
1	Cu	75	非球形	>99.0
2	Fe	75	非球形	>99.0
3	Fe	48	非球形	>99.0
4	Fe	38	非球形	>99.0
5	Fe	5	球形	>99.0

2.3 粉体表观黏度测定原理

此黏度计测试粉体表观黏度的主要原理是：将桨叶形转子浸入被测流体，扭矩传感器驱动桨叶形转子在流体中旋转，桨叶形转子在流体中受到黏性扭矩，扭矩通过扭矩传感器传递到控制系统。通常黏性扭矩主要来自流体分子间的相互作用力，流体的黏度也主要是由分子间作用力产生。因此，流体的黏度主要表征的是分子间相互作用力的大小，即流体抵抗运动的阻力。转子在流体中旋转受到的力矩与流体的黏度有关，通常对于流体黏度的测定主要是基于牛顿黏性定律来测得黏度。

流体的黏度是流体抵抗运动的阻力，借鉴流体黏度的概念，本研究提出了粉体颗粒表观黏度的概念。与流体类似，粉体颗粒之间的相互作用，例如烧结力、固桥力[2-3] 等也是颗粒抵抗运动的阻力，本研究将用颗粒的表观黏度来表征颗粒抵抗运动阻力的合力。当桨叶形转子在粉体颗粒中旋转时，颗粒在桨叶附近运动，桨叶将受到颗粒之间相互作用产生的扭矩。与流体黏度类似，桨叶受到的力矩大小决定了粉体颗粒表观黏度的大小。然而，根据牛顿黏性定律，流体黏度测定时，转子和流体之间必须没有滑移现象发生。但是，在粉体颗粒表观黏度测定过程中，桨叶形转子与颗粒之间的滑移是不可避免的，即颗粒的运动和桨叶形转子的转动频率不可能保持一致。由此，本研究将基于能量耗散的原理来测定粉体颗粒的表观黏度，此原理已经被一些学者用在气-固及液-固[4-5] 等非牛顿流体的表观黏度测定。

桨叶形转子在粉体中可以视为一个搅拌器，基于能量耗散原理，其功率准数 N_p 是[4]：

$$N_p = \frac{P}{\rho N_r^3 D^5} = \frac{T \cdot (\pi N_r)}{\rho N_r^3 D^5} \tag{2-1}$$

式中　P——功率，W；

D——桨叶的直径，m；

T——桨叶受到的扭矩，N·m；

ρ——粉体密度，kg/m^3；

N_r——转速，r/s。

通过可视化的流动模拟证明颗粒的流动仅局限于桨叶形转子附近，因此，可以将粉体在桨叶附近的流动状态视为层流，因此，功率准数 N_p 与雷诺数成反比即[4,6]：

$$N_p \cdot Re = k \tag{2-2}$$

式中 k 是常数，与桨叶形状有关[6-7]，此关系式已经被多次用在气-固，液-固等非牛顿悬浮流体[4,6]。由式（2-1）和式（2-2）可得：

$$\eta = \frac{\pi^2}{kD^2} \cdot \frac{T}{\pi N_r D} \tag{2-3}$$

式中 η 即为所测粉体的表观黏度。流体黏度表征的是流体分子间的相互作用力的大小，即流体抵抗运动的阻力。与流体黏度概念相类似，粉体颗粒表观黏度表征的是粉体颗粒在运动过程中抵抗运动的阻力，即粉体颗粒之间的相互作用力。式中 $\frac{T}{\pi N_r D}$ 表示桨叶每单位线速度（$\pi N_r D$）上的扭矩，反映了粉体颗粒抵抗变形的能力，式中 $\frac{\pi^2}{kD^2}$ 由桨叶形状和尺寸决定，假设：

$$A = \frac{\pi^2}{kD^2} \tag{2-4}$$

则式（2-3）可以简化为：

$$\eta = A \cdot \frac{T}{\pi N_r D} \tag{2-5}$$

桨叶形状和尺寸确定后，A 即为常数与实验条件无关，通过将已知黏度标准流体和常用流体校准求得，求得系数 A 后，即可以通过式（2-5）求得粉体的表观黏度，用以研究粉体颗粒的运动和流变特性。

本实验采用的校准流体是 Brookfield 的黏度标准液，由美国 Brookfield 公司提供，如图 2-4（a）所示，在 25 ℃时，其黏度分别是 12.5 Pa·s、30 Pa·s、60 Pa·s、100 Pa·s。此外，糖浆和蓖麻油也作为桨叶形转子的校准流体，其黏度由配有标准转子的旋转黏度计测得，如图 2-4（b）和（c）所示。在实验中，将 100 mL 的各种校准流体分别加入高 70 mm，直径 50 mm 的石英坩埚中，通过恒温水浴锅控制校准流体的温度为 25 ℃，控制系统将桨叶形转子浸入校准流体

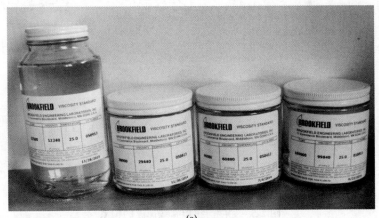

(a)

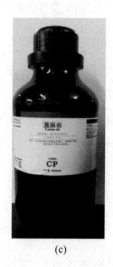

图 2-4　校准流体
（a）Brookfield 标准液；（b）糖浆；（c）蓖麻油

中，启动扭矩传感器，测定桨叶形转子在不同校准流体中受到的黏性扭矩，由数据采集系统读出。由测得的扭矩数据和对应校准流体的黏度可以求得式（2-5）中 η 和 $\dfrac{T}{\pi N_r D}$ 的关系（见图 2-5），即 A 的值。

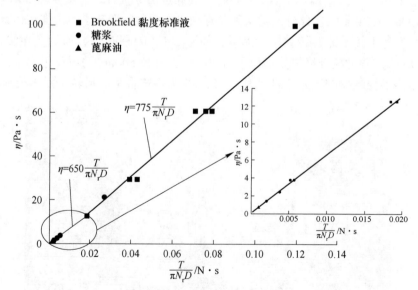

图 2-5　黏度与扭矩和线速度的关系

图 2-5 为黏度与扭矩和线速度的关系，由图 2-5 可以看出式（2-5）在不同的黏度范围均出现高度线性拟合，A 值在不同黏度范围内也不同，在 $0.66 \sim 12.5\ Pa \cdot s$ 黏度范围内 A 为 650，在 $12.5 \sim 100\ Pa \cdot s$ 黏度范围内 A 为 775。当桨叶形状确定后，系数 A 值不再随其他实验条件而改变，因此，基于能量耗散原理，在不同的黏度范围可以采用式（2-6）和式（2-7）测定粉体的表观黏度。

$$\eta = 775\frac{T}{\pi N_r D} \quad \left(0 < \frac{T}{\pi N_r D} < 0.02\right) \tag{2-6}$$

$$\eta = 650\frac{T}{\pi N_r D} \quad \left(0.02 < \frac{T}{\pi N_r D} < 0.13\right) \tag{2-7}$$

2.4 粉体表观黏度测定的影响因素

2.4.1 桨叶形状对粉体表观黏度的影响

桨叶在颗粒中和牛顿流体中的旋转得到的扭矩是不同的，对于牛顿流体而言，测得的扭矩主要来自流体抵抗剪切形变的阻力，桨叶表面和流体之间没有相对滑移的出现。对于粉体表观黏度的测定是为了定量表征颗粒之间的相互作用。然而，上述方法中表观黏度的获得主要是通过粉体颗粒作用于桨叶上的扭矩而来，如式（2-6）和式（2-7）所示。其中，粉体颗粒与桨叶之间的滑移条件是不可忽略的，桨叶受到的扭矩主要来自粉体颗粒与桨叶之间的相互作用（图 2-7 中用 p-b 表示）和粉体颗粒之间的相互作用（图 2-7 中用 p-p 表示）。显然，表征粉体颗粒之间的相互作用力才是粉体颗粒表观黏度定义的基础。然而，两种相互作用对粉体表观黏度的影响不是很清楚，因此，设计了三种尺寸相同而叶面角度不同的桨叶，如图 2-6 所示，并在相同的实验条件下，测定同一种铜粉（75 μm 非球形）的表观黏度。

(a)　　　　　　　　　(b)　　　　　　　　　(c)

图 2-6　三种叶面角度不同的桨叶示意图

（a）叶面与水平面角度为 0°；（b）叶面与水平面角度为 5°；（c）叶面与水平面角度为 10°

通过实验观察发现，当采用0°桨叶测定75 μm非球形铜粉颗粒表观黏度时，铜粉颗粒没有在桨叶附近发生运动，然而，采用5°和10°两种桨叶测定铜粉表观黏度时，铜粉颗粒均在桨叶附近发生运动。这种现象说明，0°桨叶测定铜粉表观黏度时的扭矩主要来自p-b（颗粒-桨叶）相互作用，没有p-p（颗粒-颗粒）相互作用。5°桨叶和10°桨叶测定75 μm非球形铜粉颗粒表观黏度扭矩来自p-b（颗粒-桨叶）相互作用和p-p（颗粒-颗粒）相互作用的共同作用。为了进一步分析p-b（颗粒-桨叶）相互作用和p-p（颗粒-颗粒）相互作用对三种桨叶实验所测扭矩的具体影响，将三种不同角度的桨叶所测75 μm非球形铜粉颗粒的扭矩进行了对比研究。

为了进一步定量表征p-b（颗粒-桨叶）相互作用和p-p（颗粒-颗粒）相互作用对三种桨叶实验所测扭矩的具体影响，研究将三种不同角度的桨叶所测75 μm非球形铜粉颗粒的扭矩进行了对比，如图2-7所示。从图中可以看出，0°桨叶所测的扭矩值远小于5°桨叶和10°桨叶所测的扭矩值，特别是在高温条件下。通过上述观察分析可知，0°桨叶测定铜粉表观黏度时由于颗粒在桨叶附近没有发生运动，扭矩主要来自p-b（颗粒-桨叶）相互作用，没有p-p（颗粒-颗粒）相互作用。进一步证明5°和10°桨叶所测扭矩值主要来自p-p（颗粒-颗粒）相互作用，p-b（颗粒-桨叶）相互作用可以忽略。

此外，为了满足可视化流动模拟证明的颗粒的流动仅局限于桨叶形转子附近，且粉体颗粒在桨叶附近的流动视为层流状态，本研究所采用的粉体颗粒表观

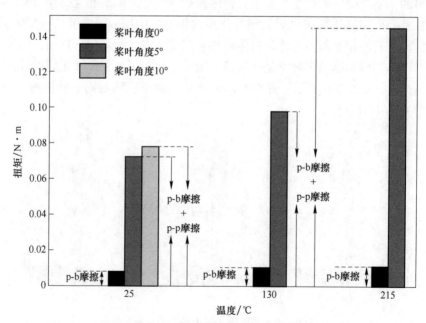

图2-7 不同温度条件下三种不同角度桨叶在铜粉中旋转时的扭矩

黏度测试方法要求颗粒在桨叶附近尽量做层流运动，同时避免颗粒在桨叶垂直方向的上下运动。实验观察发现，10°桨叶在测定粉体颗粒表观黏度过程中颗粒在垂直方向出现较为明显运动，5°桨叶测定过程中颗粒在垂直方向几乎没有运动，且颗粒在5°桨叶附近也做层流运动，更加满足实验要求。因此，本研究将采用5°桨叶测试粉体颗粒的表观黏度。

2.4.2 桨叶位置对粉体表观黏度的影响

通过桨叶在颗粒中的受力分析及能量耗散原理的研究发现，桨叶上方颗粒的挤压效应及桨叶能量通过颗粒层对外的释放效应不可忽略。因此，实验研究了桨叶浸入粉体的深度对桨叶实验测得扭矩值的影响。在室温条件下，实验测定了不同转速条件下桨叶浸入铁粉（75 μm 非球形）的深度 h（如图 2-2（b）所示）分别为 15 mm、23 mm、30 mm 时的扭矩，所得结果如图 2-8 所示。

从图中可以看出，随着桨叶浸入粉体的深度 h 增加，实验测得扭矩逐渐增大。粉体表观黏度的测试原理是基于能量耗散原理，当桨叶在粉体颗粒表层旋转时即浸入粉体深度较浅，主要的颗粒流动区域在粉体颗粒表层，导致能量扩散到空气中，所以桨叶浸入粉体颗粒深度越小，实验测得表观黏度值越小。因此，桨叶浸入粉体颗粒深度较浅时在粉体颗粒表层测得的表观黏度不适合表征颗粒之间的相互作用力。当桨叶在粉体颗粒的中部区域旋转时，桨叶附近的流动区域全部由颗粒流组成，能量耗散全部在颗粒层内部，此时扭矩值主要是由 p-p 相互作用产生。然而，随着桨叶浸入粉体的深度增加，桨叶上方的粉体对于桨叶的挤压效应不可忽略，且本实验研究目的是定量表征颗粒之间的相互作用，因此，粉体的挤压效应当尽量最小。综上，本研究后续实验桨叶浸入深度 h 取 23 mm。

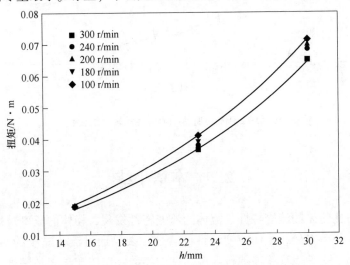

图 2-8　扭矩随着桨叶浸入深度的变化

2.4.3 桨叶转速对粉体表观黏度的影响

流体黏度的研究主要是剪切力与剪切率的关系，根据黏度是否随着剪切率的改变而改变，流体分为牛顿流体和非牛顿流体，又根据黏度随剪切率的具体变化趋势将非牛顿流体分为假塑性流体、膨胀性流体、宾汉姆流体等。与流体黏度类似，本研究也对粉体表观黏度与剪切率的关系进行初步研究分析，实验测定了在不同转速下，不同粒径的铁粉（75 μm 非球形、48 μm 非球形、38 μm 非球形、5 μm 球形）在不同桨叶转速条件下的表观黏度。

不同粒径的铁粉表观黏度随桨叶转速的变化趋势如图 2-9 所示，从图中可以看出，四种不同粒径的铁粉的表观黏度随着转速的增大而逐渐减小。通过可视化流动模拟证明桨叶附近的颗粒在搅动时是层流状态，则式（2-5）中转速（N_r）可以看作是剪切率，因此铁粉的表观黏度随着剪切率的增大而逐渐减小，呈现剪切稀变的流变特性，与假塑性流体的剪切稀变趋势相似。因此，铁粉颗粒的流变特性类似于假塑性流体的流变特性。

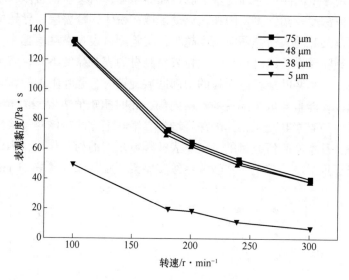

图 2-9 粉体表观黏度随着桨叶转速的变化

2.5 本章小结

通过对比粉体的流变特性与流体的流变特性发现，粉体的流变特性与流体的流变特性有相似之处，流体流变特性的表征主要是通过流体黏度的测定，因此，本研究提出了一种表征粉体颗粒高温黏性的参数—粉体颗粒表观黏度。重点表征的是颗粒与颗粒之间相互作用力大小,在本质上更接近于液体黏度的概念。在测试方法上,利用的也是能够应用于液体黏度测试的方法,将测试桨叶在固体颗粒中旋转,通过测量桨叶上受到的扭矩来获得粉体颗粒表观黏度。扭矩越大,说明固体颗粒抵抗运动的阻力越大,颗粒间相互作用力越大,颗粒的表观黏度也越大。本章主要结论如下:

(1) 基于能量耗散的原理,得到功率准数和桨叶受到的扭矩的关系,通过层流条件下功率准数与雷诺数的反比关系,建立了粉体颗粒表观黏度与搅拌扭矩的关系。最终推导出通过桨叶在粉体中旋转受到的扭矩计算得到粉体表观黏度计算公式。

(2) 桨叶叶面与水平面的角度对于粉体的表观黏度测定的影响不可忽略。0°桨叶测得的扭矩主要来自 p-b(颗粒-桨叶)相互作用,而 5°或者 10°桨叶测得的扭矩主要来自 p-p(颗粒-颗粒)相互作用。10°桨叶在旋转测量过程粉体颗粒出现上下运动,粉体颗粒在桨叶附近出现非层流流动,因此,选择 5°桨叶作为实验用桨叶。

(3) 桨叶浸入粉体的深度对于粉体表观黏度的测定影响不可忽略。桨叶浸入粉体颗粒太浅,桨叶附近颗粒不能有效被带动,且能量耗散到空气中,测得的扭矩不能有效反映 p-p(颗粒-颗粒)相互作用,桨叶浸入太深则桨叶上方颗粒挤压效应不可忽略,因此,选择距离粉体颗粒表面 23 mm 位置作为桨叶位置。

(4) 粉体的表观黏度随着转速(剪切率)的增大而逐渐减小,粉体颗粒表现出了类似于假塑性流体的剪切稀变的流变特性。

(5) 通过已知黏度流体的校准得到了粉体颗粒表观黏度的计算公式:

$$\eta = 775 \frac{T}{\pi N_r D} \quad \left(0 < \frac{T}{\pi N_r D} < 0.02\right)$$

$$\eta = 650 \frac{T}{\pi N_r D} \quad \left(0.02 < \frac{T}{\pi N_r D} < 0.13\right)$$

参 考 文 献

[1] Tardos G I. Measurement of surface viscosities using a dilatometer [J]. The Canadian Journal of Chemical Engineering, 1984, 62 (6): 884-887.

[2] You C F, Luan C, Wang X. An evaluation of solid bridge force using penetration to measure rheological properties [J]. Powder Technology, 2013, 239: 175-182.

[3] Luan C, You C. A novel experimental investigation into sintered neck tensile strength of ash at high temperatures [J]. Powder Technology, 2015, 269: 379-384.

[4] Komoda Y, Nakashima K, Suzuki H, et al. Viscosity measuring technique for gas-solid suspensions [J]. Advanced Powder Technology, 2006, 17 (3): 333-343.

[5] Biswas P K, Godiwalla K M, Sanyal D, et al. A simple technique for measurement of apparent

viscosity of slurries: sand-water system [J]. Materials & Design, 2002, 23 (5): 511-519.

[6] Torrez C, André C. Power consumption of a Rushton turbine mixing viscous Newtonian and shear-thinning fluids: comparison between experimental and numerical results [J]. Chemical Engineering & Technology, 1998, 21 (7): 599-604.

[7] Nagata S. Mixing: principles and applications [M]. New York: Halsted Press, 1975.

3 粉体表观黏度测定及研究

3.1 流态化过程颗粒黏性受力解析

流化床作为反应器在处理粉体颗粒原料过程中具有明显优势，例如良好的气固接触，高效的传热效率等，但是黏结失流的出现成为其商业应用和推广的最大障碍。进一步微观分析可知，固体颗粒在流化床内的气-固两相流体中主要受到两种力，一种是气体曳力；另一种是颗粒之间的相互作用力（包括颗粒间的吸引力及外部摩擦力等，高温条件下与这些作用力相比颗粒重力可忽略不计）。当颗粒之间的作用力大于气体曳力时，黏结失流发生。而关于固体颗粒之间在高温条件下的相互作用力及其黏附性能，一直缺乏有效定量的物理参数来表征。而温度等参数对颗粒受到的气体曳力影响并不大，高温条件下，颗粒的黏附性能主要由颗粒间相互作用力决定。气-固悬浮体或流态化条件下的气-固两相流的表观黏度，反映的是作用在固体颗粒上的气体曳力与固体颗粒间相互作用力的共同结果。本研究中尽量摒弃气体曳力的影响，重点研究颗粒本身在不同条件下的黏附性能。以期通过获得的颗粒黏性数据对流化床内黏结失流问题开展深入探讨，也可以应用于固定床内粉体颗粒的黏结行为研究。

基于粉体表观黏度概念的提出和测定方法的确定，本章将测定不同粒径和不同形状（球形和非球形）的铁粉、铜粉、Fe_2O_3 和 Fe_3O_4 粉体颗粒的表观黏度，主要研究温度、颗粒大小、颗粒形状、金属化率等因素对粉体颗粒表观黏度的影响。

3.2 实验仪器与材料

粉体表观黏度的测定装置采用是自主研发设计的高温高压粉熔体黏度计，如图 2-1 所示。实验采用的流化床为高温可视流化床，如图 3-1 所示，为内径 30 mm 的石英管流化床，采用筛板与内管一体成型设计，流化床由内外两层石英管组成，内外石英管之间的空隙用于流化气体的预热，流化床由电阻丝炉提供热量，反应温度可达 1100 ℃。此外，流化床还留有观察窗口，可以直接同步观察流化床内流化状态。

实验所用的金属粉体颗粒和铁矿粉颗粒分别为北京兴荣源科技有限公司生产的分析纯铜粉和铁粉颗粒（纯度大于 99.0%），以及 Fe_2O_3 和 Fe_3O_4 粉体颗粒

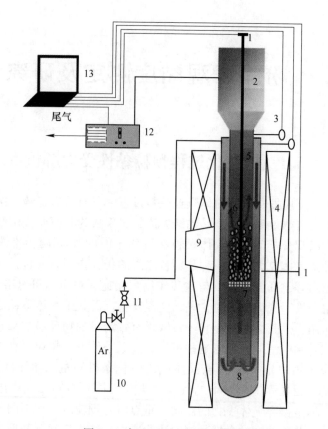

图 3-1　高温可视流化床示意图

1—K-型热电偶；2—沉降室；3—压力传感器；4—电阻炉；5—石英管；6—流化床；7—分布板；
8—气体混合 & 预热室；9—透视窗；10—高压气瓶；11—气体质量流量计；12—气体分析仪；13—计算机

（纯度大于 99.0%），其粒度分布如图 3-2 所示，粉体颗粒物理特性如表 3-1
所示。

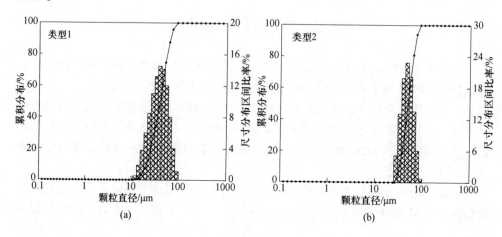

(a)　　　　　　　　　　　　　(b)

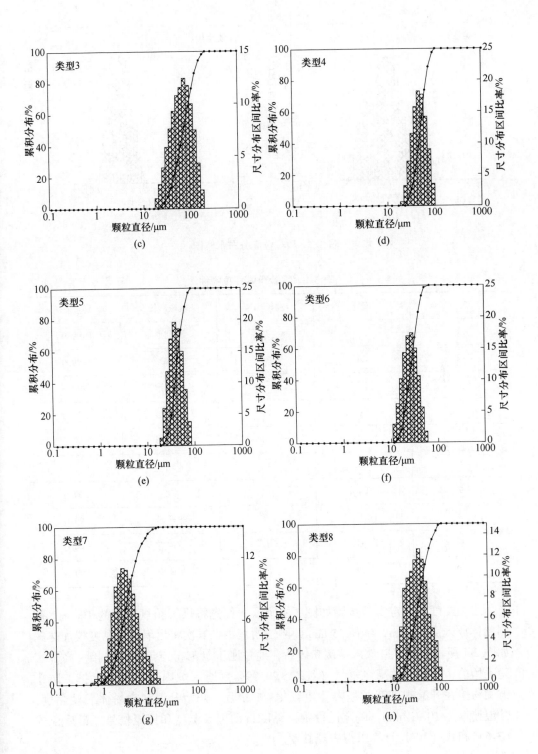

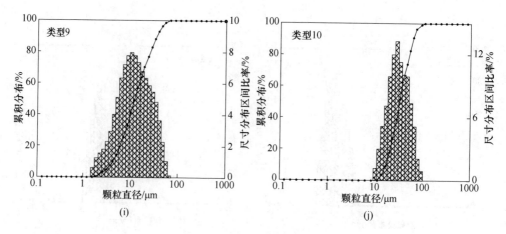

图 3-2 颗粒粒度分布示意图

表 3-1 实验粉体颗粒物性

类型	成分	粒径/μm	颗粒形状	纯度/%
1	Cu	75	非球形	>99.0
2	Cu	75	球形	>99.0
3	Fe	150	非球形	>99.0
4	Fe	75	非球形	>99.0
5	Fe	48	非球形	>99.0
6	Fe	38	非球形	>99.0
7	Fe	5	球形	>99.0
8	Fe_2O_3	48	非球形	>99.0
9	Fe_3O_4	10	非球形	>99.0
10	Fe_3O_4	75	非球形	>99.0

　　表观黏度的测定实验步骤如图 3-3 所示，首先将烘干箱烘干后的 100 mL 被测粉体放入高 70 mm，半径 25 mm 的刚玉坩埚中，其次将坩埚放入黏度仪加热区如图 2-1 所示。把桨叶放入被测粉体后，通过刚玉管与扭矩传感器连接。高温实验开始前，脱水后的高纯氩气（纯度>99.99%）通入炉内进行气氛保护，防止被测粉体在升温测黏度过程中发生氧化。1 h 后，开始升温测定粉体表观黏度，升温速率为 10 ℃/min。测定过程中，黏度自动记录温度和扭矩信号，最后由式 (3-6) 和式 (3-7) 计算求得表观黏度。

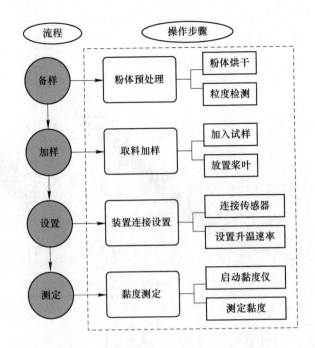

图 3-3 粉体表观黏度测定实验方法示意图

表观黏度测定结束后，将刚玉坩埚快速取出，然后用高纯氩气进行极速冷却，冷却后试样的表面形貌利用扫描电子显微镜（MLA250）进行微观形貌观察，表面元素分布利用能谱仪（EDS）进行表征。

可视流化床装置测定黏结失流温度方法如下：将 20 g 金属颗粒从流化床顶部加入可视流化床反应器中，待做好流化床的密封后打开流化气体开关。本实验采用 Ar 作为流化气体，首先使用高气速清洗流化床，保证流化床内完全 Ar 气氛，其次固定流化气速，本实验的流化气速为 2 L/min，最后设置流化床升温速率（10 ℃/min）开始加热。实验通过压力传感器和热电偶分别测定床层压降和温度。黏结失流发生用床层压降的突降来表征，当流化床床层压降出现明显下降则认为黏结失流发生。此时对应的温度定义为流化颗粒的黏结失流温度。典型的流化床失流过程中压降变化趋势如图 3-4 所示。

实验采用氯化铁化学滴定法（GB/T 6730.5—2007 和 GB 6730.6—86）测量矿粉还原产物的全铁和金属铁含量，根据式（3-1）计算还原产物的金属化率：

$$M_R = \frac{M_{Fe}}{T_{Fe}} \times 100\% \tag{3-1}$$

式中　M_R——金属化率,%；
　　　M_{Fe}——金属铁含量，质量分数,%；
　　　T_{Fe}——全铁含量，质量分数,%。

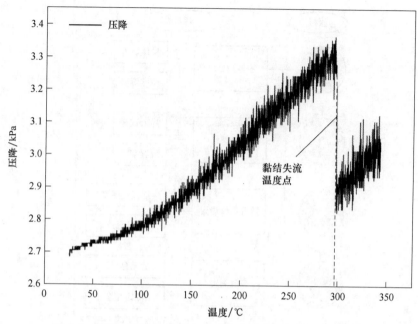

图 3-4 流化床黏结失流发生过程典型压降与温度关系示意图

3.3 初始颗粒形状和尺寸对粉体表观黏度的影响

为了研究粉体颗粒形状对粉体表观黏度的影响，本实验测定了室温下平均粒径为 75 μm 的球形铜粉和电解铜粉（物性参数见表 3-1）的表观黏度并对其微观形貌进行了分析，分析结果如图 3-5 所示。

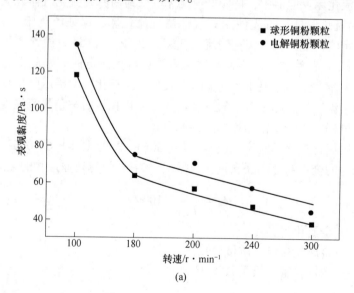

(a)

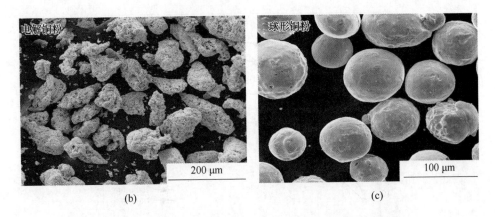

图 3-5 球形铜粉和不规则形状电解铜粉的表观黏度与微观形貌

(a) 表观黏度；(b) 电解铜粉微观形貌；(c) 球形铜粉微观形貌

从图中可以看出，不同转速条件下，形状不规则的电解铜粉表观黏度均大于球形铜粉的表观黏度。此种现象的出现可以解释为，在室温条件下液桥力、固桥力等可以忽略，颗粒之间的相互作用力主要是颗粒之间的摩擦力，颗粒之间的摩擦力越大，表明颗粒抵抗运动的阻力越大，所以测得的颗粒表观黏度越大。颗粒之间的摩擦力又主要由颗粒的形状决定，显然球形颗粒之间的摩擦力小于非球形颗粒之间的摩擦力，因此测得的球形铜粉颗粒的表观黏度小于非球形铜粉颗粒的表观黏度。此外，从图 3-5 (a) 中可以看出，随着转速的增大，两种铜粉颗粒表观黏度的绝对差值相同，然而，两种铜粉表观黏度的相对差值随着转速的增大而增大。两种铜粉颗粒表观黏度均随着转速（剪切率）的增大而减小，与假塑性流体相类似，表现出剪切稀变的流变特性，颗粒形状的变化没有带来粉体颗粒流变特性的改变，说明粉体颗粒的流变特性不受颗粒形状的影响。

为了进一步研究初始颗粒大小和形状对粉体颗粒表观黏度的影响，本实验测定了室温条件下颗粒粒径大小分别为 5 μm、38 μm、48 μm 和 75 μm 的铁粉（物性如表 3-1 所示）在桨叶转速为 100 r/min 时的表观黏度，并通过 SEM 对其微观形貌进行了分析，分析结果如图 3-6 所示。

从图 3-6 (a) 中可以看出，随着铁粉颗粒粒径的增大表观黏度逐步增大。当铁粉颗粒粒径从 5 μm 变到 38 μm 时表观黏度呈线性增长，而当铁粉颗粒粒径从 38 μm 变到 48 μm 及 75 μm 时表观黏度变化不大，整体增长趋势趋于平稳。结合图 3-6 中 5 μm、38 μm、48 μm 和 75 μm 铁粉颗粒 SEM 微观形貌分析可以发现，铁粉颗粒表观黏度呈线性增长的原因是从 5 μm 到 38 μm 的铁粉颗粒不仅颗粒尺寸发生了变化而且颗粒形状也发生了变化，由类球形变成了不规则形状，所以表观黏度增幅较大，呈线性趋势。

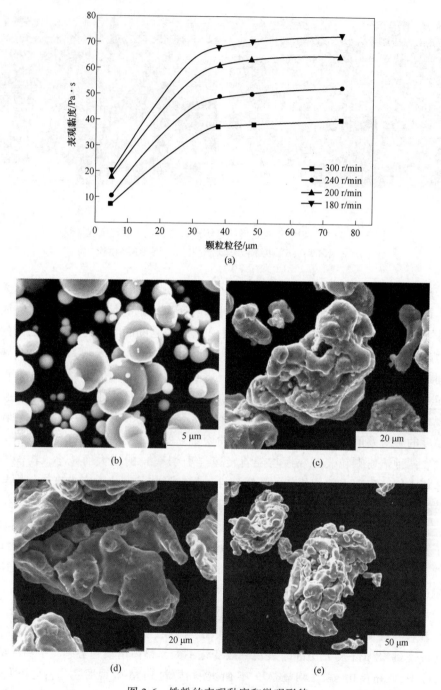

图 3-6 铁粉的表观黏度和微观形貌

（a）表观黏度；（b）颗粒粒径 5 μm 微观形貌；（c）颗粒粒径 38 μm 微观形貌；

（d）颗粒粒径 48 μm 微观形貌；（e）颗粒粒径 75 μm 微观形貌

通过 75 μm 球形铜粉和非球形铜粉的表观黏度的研究发现，室温下颗粒之间的摩擦力是影响表观黏度的主要因素，形状不规则颗粒之间的摩擦力远大于球形颗粒之间的摩擦力。因此，当铁粉颗粒粒径从 5 μm 变到 38 μm 时，铁粉颗粒形状从球形变化为不规则形状使得铁粉颗粒之间摩擦力增大，宏观体现为表观黏度呈线性增长。而 38 μm、48 μm 和 75 μm 的铁粉颗粒形状相类似，均为不规则形状，没有发生颗粒形状的变化，只是颗粒尺寸逐步变大，颗粒之间摩擦力变化较小，所以表观黏度增幅趋于平缓。综上，可以初步得出室温条件下，粉体颗粒的表观黏度随着颗粒粒径的增大而增大，粉体颗粒形状越接近于球形，粉体颗粒表观黏度越小。颗粒形状对于粉体表观黏度的影响大于颗粒粒径对于粉体颗粒表观黏度的影响。

3.4 温度对粉体表观黏度的影响

本研究测定了不同粒径的铁粉在升温过程中表观黏度的变化趋势，如图 3-7 所示。随着温度的升高，铁粉表观黏度逐渐增大，此时颗粒之间的作用力主要由随温度升高而不断增大的颗粒黏结力（如固桥力等）决定，温度升高导致颗粒之间黏结力增大，抵抗运动趋势增强，颗粒之间开始出现黏结趋势，因此表观黏度增大。关于颗粒的黏性表征，之前一些学者做过一些研究[1-2]，主要是研究固体颗粒的表面黏度，研究发现固体颗粒的表面黏度随着温度的升高而减小，其变化趋势与本研究固体颗粒表观黏度随温度的变化趋势相反。这主要是因为固体颗粒的表面黏度和本研究的固体颗粒表观黏度研究的出发点不同。表面黏度主要表征颗粒的软化程度，温度越高原子扩散越强，颗粒表面变软且更加容易发生形变，因此类似于流体的颗粒表面软熔层黏度随温度升高而减小。而本研究中的颗粒表观黏度与颗粒表面黏度的概念完全不同，其意义更加接近于液体的黏度。液体分子之间的相互吸引力是液体产生黏度的主要原因，液体黏度越高表明液体分子间作用力越大，液体分子越不容易流动。固体颗粒之间也有相互黏结的作用力（如固桥力等），在高温条件下，颗粒之间的黏附趋势增强主要是由于颗粒之间的黏结作用力增大。本研究提出的颗粒表观黏度主要是表征颗粒之间的相互作用力的大小，因此，温度升高引起颗粒黏结力增大，导致了粉体表观黏度的增大。

此外，从图 3-7 观察可以发现，对于不同粒径的铁粉，其表观黏度随温度变化都有一个拐点温度出现。在此温度点前表观黏度增长平缓，温度高于此拐点温度后，表观黏度开始急剧增大，本研究称其为黏性拐点温度。对于 5 μm、38 μm、48 μm、75 μm 铁粉的黏性拐点出现的温度分别为 90 ℃，190 ℃，215 ℃ 和 230 ℃，如图 3-7 所示。三种不同粒径的铁粉在 130 ℃ 以下，其表观黏度的大小顺序为 $\eta_{75\,\mu m} > \eta_{48\,\mu m} > \eta_{38\,\mu m} > \eta_{5\,\mu m}$，与室温下三种粉体表观黏度大小顺序一致（见图 3-6（a）），此时，颗粒形状对于粉体表观的影响作用大于颗粒尺寸。然而当温度高于 130 ℃时，其表观黏度的大小顺序为 $\eta_{5\,\mu m} > \eta_{38\,\mu m} > \eta_{48\,\mu m} > \eta_{75\,\mu m}$，与低温条件下趋势相反。在高温条件下，粉体表观黏度随着粉体颗粒尺寸的减小而增大，此时颗粒形状的影响作用可以忽略。随着温度的升高，颗粒之间的黏结力逐渐增大，颗粒之间的摩擦力对颗粒之间相互作用力的贡献可以忽略。显然，颗粒越小比表面积越大，颗粒之间的接触面积越大，则颗粒之间的凝聚力如表面吸引力、液桥力、固桥力等越大。因此，在高温条件下，颗粒粒径的增大及颗粒之间黏附力的增大成为颗粒抵抗运动程度的主要决定因素。这种现象的出现正好满足了本研究提出的颗粒表观黏度的出发点，即表征颗粒之间相互作用力的大小。

这种表观黏度随温度的变化趋势与流化床还原铁矿粉[3-5] 时黏结失流的趋势一致。Gransde 和 Sheasby[3] 研究发现 60~90 μm 和 90~150 μm 的加拉卡斯矿黏结失流温度分别为 800 ℃ 和 900 ℃。宋乙峰[5] 等研究发现 240 nm 的矿粉在 400 ℃时开始黏结。由于微米级矿石颗粒容易发生黏结失流，因此流态化炼铁过程中流化床只能预处理毫米粒度的铁矿石。综上，高温条件下，铁矿石颗粒越小，越容易发生黏结失流，这与本研究表观黏度和温度变化趋势完全吻合。

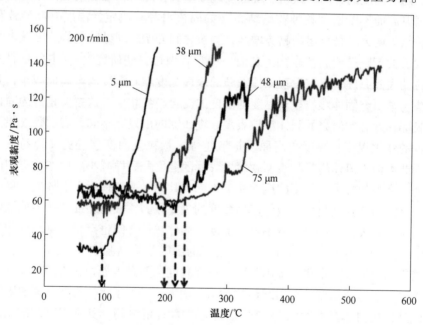

图 3-7   不同粒径铁粉表观黏度随温度变化趋势

综上所述，颗粒形状对于粉体颗粒的表观黏度在室温下起主导作用。因为在室温条件下颗粒间的作用力主要是外部摩擦力起作用，固桥力等黏附力可基本忽略，颗粒间摩擦力越大，说明抵制流动的阻力越大，颗粒的表观黏度越大。而颗粒之间摩擦力主要受形状的影响，球形颗粒之间的摩擦力显然小于非球形颗粒之间的摩擦力，因此球形颗粒的表观黏度要小于非球形颗粒的表观黏度。随温度升高，颗粒间的固桥力等黏附力越来越大，摩擦力的作用显得微不足道，而比表面积越大，颗粒间的黏附力越大，因此高温条件下颗粒尺寸对于粉体颗粒表观黏度的大小起决定性作用。这恰好与表观黏度要表征颗粒间作用力的初衷是一致的。随温度升高，颗粒间相互吸引力增强，导致颗粒的表观黏度增大。前人文献研究均表明流化床内颗粒黏结趋势随温度增加而增加，而流化床层内的颗粒受到的气体曳力随温度变化并不大，颗粒黏结增强主要是因为颗粒间相互作用力增加，这与本研究的结果是一致的。

3.4.1 黏性拐点与黏结失流温度的对比分析

黏结失流温度是表征流化床反应器内颗粒流化性能和黏附性能的重要参数。黏结失流温度越低，说明颗粒间相互作用力越大，黏附性能越强，流化床内发生黏结失流的趋势越大。不同金属颗粒所对应的黏结失流温度不同，反映出不同金属颗粒的高温黏附性和流化性能存在差异。为了探讨本研究提出的颗粒表观黏度与颗粒间黏附性能的关系，利用实验室内的可视流化床装置（见图 3-1）测定了不同粒径的 Fe 粉及铜粉颗粒的黏结失流温度，通过压力传感器和热电偶分别测定床层压降和床层温度变化，用床层压降的突降来表征黏结失流发生，即颗粒流化过程中床层压降曲线开始下降处对应的温度为黏结失流温度。不同粒径铁粉的黏结失流温度如图 3-8 所示。75 μm 铁粉和铜粉的黏性拐点出现温度和流化床内黏结失流温度如图 3-9 所示。

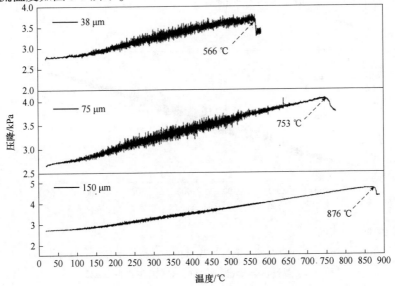

图 3-8   不同粒径铁粉的黏结失流温度

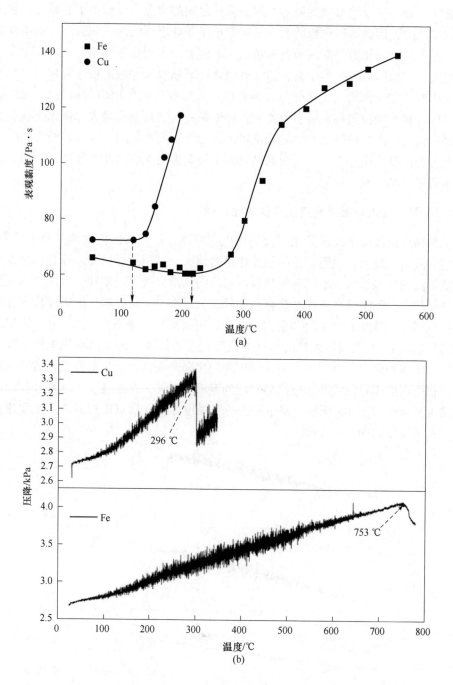

图 3-9 75 μm 铁粉和铜粉的黏性拐点出现温度与流化床黏结失流温度

(a) 黏性拐点出现温度；(b) 流化床黏结失流温度

从图 3-8 看出，随着铁粉粒径的增大，黏结失流温度也增大。说明随着铁粉颗粒粒径减小，颗粒高温黏附性能增强，这与图 3-7 中显示的高温条件下铁粉颗粒粒径越小其表观黏度越大、黏性越强的趋势是一致的。

此外，为了进一步说明粉体颗粒表观黏度对颗粒黏附性的表征，本研究对不同金属粉体颗粒的黏性拐点温度和流化床黏结失流温度进行对比分析，分析结果如图 3-9（a）所示。从图中可以看出铁粉颗粒相比铜粉具有较低的表观黏度，且铜粉颗粒的黏性拐点温度小于铁粉颗粒的黏性拐点温度，说明铜粉颗粒间具有较大的相互作用力和较强的黏附性能。铁粉颗粒和铜粉颗粒的流化床黏结失流实验得到的黏结失流温度如图 3-9（b）所示，图中铜粉颗粒的黏结失流温度远小于铁粉颗粒进一步证明铜粉颗粒高温黏附性能强于铁粉颗粒。以上实验结果证明，粉体颗粒表观黏度不仅能够反映颗粒间相互作用力的大小，还可用以表征颗粒间的黏附性能。

3.4.2 粉体颗粒表观黏度活化能解析

在流体中，质点处在相邻点的键力下，每个质点均落在一定大小的势垒中，要使质点流动，就得使它活化，即要有克服势垒的足够能量。这种活化的质点越多，流体的流动性就越大。活化能本质上反映的是黏度变化的温度敏感性。按照玻耳兹曼分布定律，活化质点的数目和 $e^{E_\eta/kt}$ 成比例的，也就是 Arrhenius 公式[6]：

$$\eta_1 = A\exp[E_1/(RT)] \tag{3-2}$$

式中　η_1——流体黏度，Pa·s；

　　　A——频率因子，无量纲；

　　　E_1——黏流活化能，J·mol^{-1}·K^{-1}；

　　　R——气体常数，8.314 J·mol^{-1}·K^{-1}；

　　　T——绝对温度，K。

上式适用于液体流体的黏度与温度之间的关系描述，随温度增加，液体黏度降低，黏度对数与温度倒数之间呈线性关系。由于固体颗粒流体与液体流体具有相似的流体特性，但其与温度的关系有一定的特殊性，即固体颗粒表观黏度随温度增加而升高，出现负活化能。因此为了简化，用黏流活化能对固体颗粒流进行描述分析并引入负号，以表征黏度与温度的正相关性，修正后的公式如下：

$$\eta = A\exp[-E_\eta/(RT)] \tag{3-3}$$

式中　η——固体颗粒表观黏度，Pa·s；

　　　E_η——颗粒黏流活化能，J·mol^{-1}·K^{-1}。

对式（3-3）两边取对数，即得：

$$\ln\eta = \ln A - (E_\eta/R)\frac{1}{T} \tag{3-4}$$

由式 (3-4) 可知, E_η 反映了 $\ln\eta$ 随温度变化的关系, 可用于表征温度对颗粒表观黏度影响的趋势。为了验证黏流活化能是否可以反映粉体颗粒流动的难易程度, 本研究对 75 μm 铁粉的黏流活化能进行了计算分析, 主要分析方法为在获得的 75 μm 铁粉的表观黏度与温度的关系基础上, 对 75 μm 铁粉的表观黏度取对数, 温度取倒数, 随后进行重新绘图分析, 得出在不同的温度范围内, 75 μm 铁粉表观黏度的对数与温度的倒数之间关系, 如图 3-10 所示。从图中可以看出, 在不同温度范围内, 75 μm 铁粉的表观黏度的对数与温度的倒数之间具有良好的线性关系, 具体线性关系如式 (3-5) ~式 (3-7) 所示。通过这些关系式可以研究高温下粉体颗粒流的黏流活化能对粉体颗粒流动性的影响。对于流化床还原铁矿粉过程中的黏结失流问题的深入研究具有重要的指导作用。

$$\ln\eta = 5.56 - \frac{600}{T} \quad (690 \text{ K} < T < 970 \text{ K}) \tag{3-5}$$

$$\ln\eta = 7.49 - \frac{1900}{T} \quad (500 \text{ K} < T < 690 \text{ K}) \tag{3-6}$$

$$\ln\eta = 4.58 - \frac{400}{T} \quad (423 \text{ K} < T < 500 \text{ K}) \tag{3-7}$$

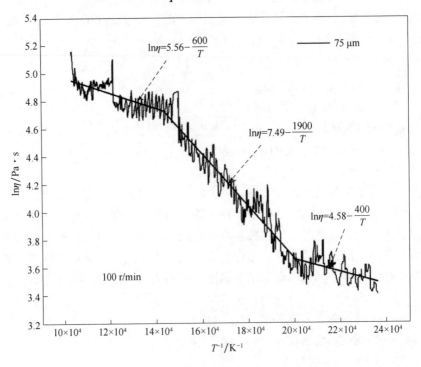

图 3-10 75 μm 铁粉表观黏度对数与温度倒数关系示意图

在 $\ln\eta - \dfrac{1}{T}$ 关系图上，其斜率即为 E_η/R，E_η/R 越大，则温度对表观黏度的影响越大。同理，在本研究中，将图 3-10 中不同温度条件下的直线的斜率看作固体颗粒在不同温度段的颗粒黏流活化能，则：

（1）150～227 ℃：$\ln\eta = 4.58 - \dfrac{400}{T}$，黏流活化能 $E_\eta = 3325.6$ J/(mol·K)。

从图 3-11（180～290 ℃）可以看出，此温度段颗粒之间开始有聚团的趋势，但没有发生黏结，颗粒流动性较好，温度对粉体颗粒表观黏度影响较小，所以对应黏流活化能较低。

（2）227～417 ℃：$\ln\eta = 7.49 - \dfrac{1900}{T}$，黏流活化能 $E_\eta = 15796.6$ J/(mol·K)。

从图 3-11（290～430 ℃）可以看出，此温度段颗粒发生大范围黏结，即随着温度升高，铁颗粒表面原子的迁移开始活跃，由表面能产生的金属键结合力增加，宏观上体现出的是颗粒间的相互吸引、黏附作用力增加，大范围颗粒黏结发生。此阶段颗粒黏附性能较大，温度对粉体颗粒表观黏度影响较大，颗粒流动性变差，具有最高的颗粒黏流活化能。

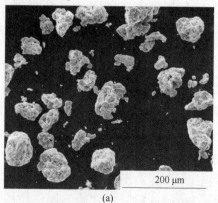

(a)

(b)

(c)

(d)

(e)

图 3-11 不同温度条件下 75 μm 铁粉的微观形貌

(a) $T=25\ ℃$; (b) $T=180\ ℃$; (c) $T=290\ ℃$; (d) $T=430\ ℃$; (e) $T=550\ ℃$

(3) 417~697 ℃：$\ln\eta = 5.56 - \dfrac{600}{T}$，黏流活化能 $E_\eta = 4988.4\ \text{J}/(\text{mol}\cdot\text{K})$。

由图 3-11（430~550 ℃）可以看出大范围的颗粒黏结在此温度段基本完成，只是一些小颗粒发生附着和黏结。此阶段虽然颗粒间相互作用力很大、颗粒黏附性能强且几乎没有流动性，但温度对二者的影响已经很小，因此，斜率 $E\eta/R$ 较小，颗粒黏附活化能也较小。

3.5 基于表观黏度的颗粒黏结机理分析

图 3-12 所示是相同表观黏度条件下，不同粒径的铁粉在不同温度条件下的黏结形态，图中室温的颗粒形貌作为参考形貌。由图中可以看出，当固体颗粒表观黏度为 150 Pa·s 时，5 μm 铁粉颗粒之间有固体桥的出现，且加热温度为 180 ℃，而 48 μm 铁粉之间及 75 μm 铁粉之间均有微小和较强的晶须出现，加热温度分别为 340 ℃和 680 ℃。由此说明，颗粒的尺寸对于颗粒之间的黏结机理出现起重要作用，这与之前一些学者对于流化床黏结机理的研究结论一致。

对于三种不同的黏结机理，本研究测得的表观黏度相同，表明颗粒的流动性相同，即颗粒抵抗运动的阻力相同，进一步说明不同黏结机理下颗粒之间的相互作用力相同。由此得出结论，颗粒的表观黏度主要表征的是对于颗粒之间相互作用力的合力，是对颗粒之间相互作用力的宏观量化，可以有效地定量测定，为颗粒流动以及流态化过程中颗粒相互作用的研究提供了定量分析的方法和有效数据。

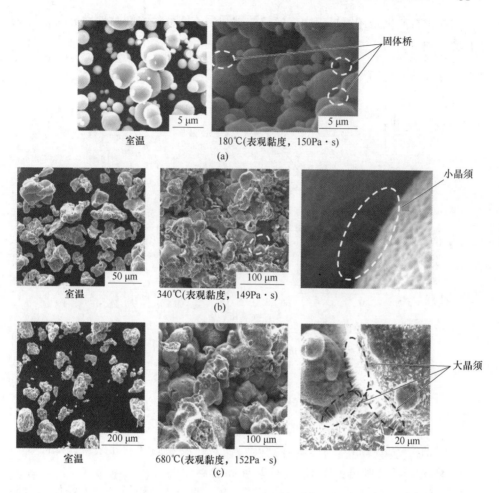

图 3-12 不同粒度铁粉在不同温度下的黏结机理

（a）5 μm；（b）48 μm；（c）75 μm

3.6 金属化率对于 Fe₂O₃ 粉体表观黏度的影响

已有研究表明在铁矿粉流化床还原过程中，黏结失流的发生与金属化率有密切关系，因此本研究测定了 Fe₂O₃ 的表观黏度随金属化率的变化趋势，如图 3-13 所示。从图中可以看出，Fe₂O₃ 的表观黏度随着金属化率的增加明显增大，表明 Fe₂O₃ 还原过程中，颗粒的黏结与金属铁的出现密不可分，纯 Fe₂O₃ 中 Fe 含量最少且表观黏度最低，随着金属化率的增大，Fe₂O₃ 中 Fe 的含量越来越高，而金属 Fe 活性较高，容易发生黏结。此外，如图 3-12 所示，金属铁晶须的出现使得颗粒之间相互勾连，增大了颗粒之间的相互作用力，因此表观黏度逐渐增大。进一步证明铁矿石流化床还原过程中，颗粒的黏结失流即颗粒之间黏性增大与金属化率有密切关系。

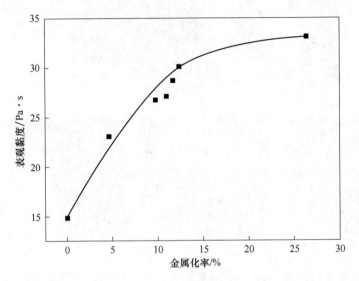

图 3-13 Fe_2O_3 的表观黏度随金属化率变化趋势图

3.7 Fe_3O_4 粉体表观黏度与温度关系研究

实验研究了 10 μm 和 75 μm 的 Fe_3O_4 表观黏度随温度变化趋势，如图 3-14所示。从图中可以看出，Fe_3O_4 表观黏度随着温度的升高逐渐增大，75 μm 的 Fe_3O_4 表观黏度大于 10 μm 的 Fe_3O_4 表观黏度，即粉体颗粒粒径越大粉体表观黏度越大，这与第 2 章结论一致。进一步分析发现，10 μm 和 75 μm 的 Fe_3O_4 表观黏度随温度变化趋势基本一致，两种粒径的 Fe_3O_4 的表观黏度在 250 ℃附近都有随温度变化而保持不变的平台出现。之后出现突然下降趋势，当黏度下降到一定值以后，随着温度的升高开始呈线性增长。这种平台趋势的出现初步判定，应该与升温过程中 Fe_3O_4 颗粒之间的黏附趋势和小颗粒与大颗粒的黏结形式及黏结过程有关。因此，为了进一步分析 Fe_3O_4 颗粒在升温过程中颗粒微观形貌的变化，对 75 μm 的 Fe_3O_4 颗粒进行了取样 SEM 分析。别在 25 ℃、280 ℃、415 ℃、495 ℃条件下，将 Fe_3O_4 颗粒从高温粉熔体黏度仪中快速取出，随后用高纯氩气极速冷却至室温条件，最后制样用 SEM 进行微观形貌观察。

Fe_3O_4 颗粒在不同温度条件下的颗粒形貌如图 3-15 所示。从图中可以看出，室温条件下 Fe_3O_4 颗粒表面相对比较光滑。当温度达到 280 ℃时，颗粒表面出现小颗粒的附着，使得颗粒之间的摩擦力以及相互作用力增大，因此表观黏度增

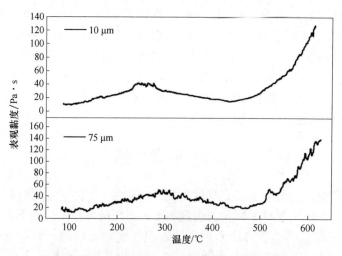

图 3-14 Fe$_3$O$_4$ 的表观黏度随温度变化趋势图

图 3-15 75 μm Fe$_3$O$_4$ 颗粒在不同温度下的颗粒形貌

（a）室温；（b）280 ℃极冷；（c）415 ℃极冷；（d）495 ℃极冷

大，随着温度的继续升高，Fe_3O_4 小颗粒继续附着在大颗粒表面，但是大颗粒 Fe_3O_4 之间没有出现黏附的趋势，表观黏度保持不变，随温度变化出现平台。同时，随着桨叶的搅拌，415 ℃时大颗粒 Fe_3O_4 颗粒表面变得比较光滑，小颗粒有随着桨叶搅拌脱落的可能，因此表观黏度表现出下降的趋势。但是随着温度的继续升高，495 ℃时大颗粒之间出现聚团黏结的趋势。所以，表观黏度再次随着温度的升高逐渐增大。

3.8 本章小结

基于本研究提出的颗粒表观黏度的测定方法和原理，本章测定了不同粒度、不同形状、不同温度条件下颗粒的表观黏度，得出的主要结论如下：

（1）粉体颗粒的形状和尺寸对粉体表观黏度均有影响。室温条件下，随着颗粒尺寸的增大，粉体表观黏度增大，颗粒形状越接近球形，粉体表观黏度越小，颗粒形状对于粉体表观黏度的影响作用大于颗粒尺寸。随着温度的升高，粉体颗粒的表观黏度逐渐增大，铁粉黏性拐点出现的温度随着颗粒粒径的增大而增大。在高温条件下，颗粒形状的影响作用可以忽略，粉体颗粒越小，粉体的表观黏度越大。颗粒的大小对于表观黏度起决定性作用。

（2）与流化床黏结失流温度对比发现，粉体颗粒在高温条件下的黏性拐点温度趋势与其流化床黏结失流温度趋势一致，表明粉体表观黏度可以有效地对颗粒之间的相互作用力进行定量表征，为流化床还原过程中颗粒流体力学的研究提供可靠的数据研究基础。

（3）在不同的温度范围内，75 μm 铁粉表观黏度的对数与温度的倒数之间具有良好的线性关系。通过对颗粒黏结机理研究发现，在不同黏结机理条件下，粉体颗粒的表观黏度相同，表明颗粒之间的相互作用力相同，即颗粒抵抗运动的阻力相同。进一步说明颗粒的表观黏度主要表征的是对于颗粒之间相互作用力的合力，是对颗粒之间相互作用力的宏观量化。

（4）随着金属化率的增大，Fe_2O_3 的表观黏度逐渐增大。纯 Fe_2O_3 中 Fe 含量最少且表观黏度最低，随着金属化率的增大，Fe_2O_3 中 Fe 的含量越来越高，而金属 Fe 活性较高，容易发生黏结。此外，金属铁晶须的出现使得颗粒之间相互勾连，增大了颗粒之间的相互作用力，因此表观黏度逐渐增大。

（5）Fe_3O_4 的表观黏度随温度的升高逐渐增大，在 250 ℃时表观黏度平台出现，平台的出现主要与小颗粒在大颗粒表面的黏附有关。随温度的升高，小颗粒开始黏附在大颗粒的表面，使得颗粒之间摩擦力增大，表观黏度增大，随温度的继续升高，小颗粒继续附着在大颗粒表面，但是大颗粒之间没有黏附趋势，且随着桨叶的搅拌小颗粒有脱落的可能，因此出现表观黏度下降趋势。但是随着温度的继续升高，大颗粒之间发生相互黏结，因此表观黏度逐渐增大。

参 考 文 献

［1］ Tardos G I. Measurement of surface viscosities using a dilatometer ［J］. The Canadian Journal of Chemical Engineering, 1984, 62（6）: 884-887.

［2］ Osborne M F M. The theory of the measurement of surface viscosity ［J］. Kolloid-Zeitschrift und Zeitschrift Für Polymere, 1968, 224 : 150-161.

［3］ Gransden J F, Sheasby J S. Sticking of iron ore during reduction by hydrogen in a fluidized bed ［J］. Canadian Metallurgical Quarterly, 1974, 13（4）: 649-657.

［4］ Komatina M, Gudenau H W. The sticking problem during direct reduction of fine iron ore in the fluidized bed ［J］. Metalurgija Journal of Metallurgy, 2005, 10（4）: 309-328.

［5］ 宋乙峰, 朱庆山. 搅拌流化床中超细氧化铁粉流态化及还原实验研究 ［J］. 过程工程学报, 2011, 11（3）: 361-367.

［6］ Menzinger M, Wolfgang R. The meaning and use of the Arrhenius activation energy ［J］. Angewandte Chemie International Edition, 1969, 8（6）: 438-444.

4 基于粉体表观黏度的黏结
失流预测模型

4.1 黏结失流预测模型的发展

构建数学模型是深入有效探讨黏结失流机理的方法之一。然而，目前的研究很难准确预测颗粒在何种流化条件下会发生聚团和黏结，也就难以对黏结失流行为进行有效的防治。由于烧结机制被广泛应用于解释流化床的黏结失流行为，因此国外很多学者基于烧结理论提出了关于流化床黏结失流行为的数学模型，其中以力平衡和能量守恒模型为主。Seville 和 Mikami 等[1-3] 根据表面原子扩散模型，建立了烧结状态下初始流化速率与温度之间的数学关联，获得了高温流化操作下流化气速的下限。Tardos 等[4-5] 通过聚团破碎力和颗粒黏性力的平衡预测了黏结失流的气速限制。Moseley 等[6] 基于颗粒碰撞模型和能量守恒计算出避免黏结失流所需的最小流化气速。针对存在表面化学反应和新相生成的流态化反应过程，Moseley 等[6] 利用物料质量守恒和力平衡预测了不同反应条件下流化床焚烧的黏结时间。然而，这些模型的平衡条件都是基于特定的黏结条件下，没有统一量化，所以不能很好地反映流化颗粒的真实运动，特别是从稳定流化到黏结失流的过程。因此，需要建立更加准确的数学模型以预测流化床中黏结失流发生的条件。

在已测定粉体颗粒表观黏度实验数据的基础上，本章基于牛顿黏性定律和受力平衡理论建立了描述球形铜粉颗粒流化行为的数学模型，对球形铜粉颗粒的初始流化速率和黏结失流发生的温度进行了预测。通过模型预测值和实验值的对比分析，对所提出的数学模型的准确性和可靠性进行验证。

4.2 实验材料和方法

4.2.1 实验装置和材料

粉体表观黏度的测定装置是自主研发设计的高温高压粉熔体黏度计，如图 2-1 所示。实验采用的流化床为高温可视流化床，如图 3-1 所示，其内径为 30 mm 的石英管流化床，由电阻丝炉提供热量，流化床由内外两层石英管组成，内外石英管之间的空隙用于还原气体的预热。

　　为了消除颗粒形状对颗粒受力分析的影响，实验采用的粉体颗粒为北京兴荣源科技有限公司生产的分析纯铜粉（纯度大于 99.0%），平均粒径 75 μm，形状为球形，其微观形貌及粒度分布如图 4-1 所示。实验所用高纯气体 N_2、Ar、CO_2、H_2 均由北京千禧气体有限公司提供，纯度均高于 99.99%，四种气体的密度和黏度如表 4-1 所示。

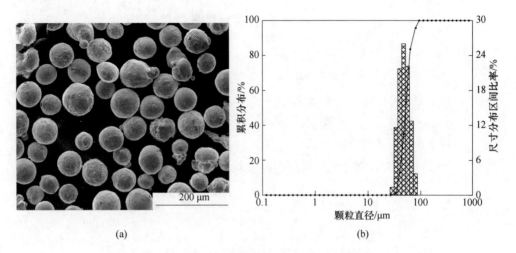

(a)　　　　　　　　　　　　　　　　(b)

图 4-1　球形铜粉的微观形貌和粒度分布

（a）微观形貌；（b）粒度分布

表 4-1　实验气体特性

气体（20 ℃）	密度/kg · m⁻³	黏度/Pa · s
CO_2	1.98	$1.47×10^{-5}$
Ar	1.78	$2.28×10^{-5}$
N_2	1.25	$1.78×10^{-5}$
H_2	0.09	$0.88×10^{-5}$

4.2.2　实验条件和方法

　　表观黏度测定实验和流化床黏结失流温度测定实验与第 3 章相同，具体实验方法和步骤见本书 3.2 节。

　　纯金属颗粒初始流化速率实验步骤如下：首先将球形铜粉在室温条件下完全流化 5 min，再把流化气速调节为 0；其次将气速从 0 开始逐渐增大直到床层完全流化，再将气速逐渐降到 0，由此可以分别得到增大气速和降低气速的初始流化速率。典型初始流化速率测定过程中压降和气速的变化如图 4-2 所示。根据文献报道[7]，通过降低气速测得的初始流化速率相对稳定可靠，因此本研究采用降低气速方法测定流化床的初始流化速率。

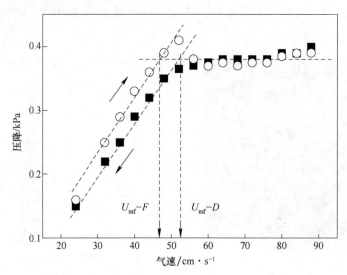

图 4-2 初始流化速率测试过程中典型的床层压降与气速关系

实验模型中涉及的主要参数介绍：

C_d——曳力系数，无量纲；

D——桨叶直径，m；

D_p——颗粒直径，m；

F_c——黏性力，N；

F_{pc}——单个铜粉颗粒受到的黏性力，N；

F_p——单颗粒受到的黏性力，N；

F_{d1}——单颗粒受到的曳力（模型 1），N；

F_d——单位面积曳力，N/m³；

F_{d2}——单颗粒受到的曳力（模型 2），N；

H——床层料高，m；

h——桨叶距离颗粒底部距离，m；

m_0——颗粒重量，kg；

N_r——桨叶搅拌速度，s⁻¹；

n——颗粒数量，无量纲；

P——扭矩，N·m；

Re——雷诺数，无量纲；

r_b——桨叶半径，m；

r_d——流化床半径，m；

S——接触面积，m²；

T——温度，℃；

u——气速，m/s；

α——曳力比例系数，无量纲；

ε——床层空隙率，无量纲；

$\dot{\gamma}$——剪切率，s⁻¹；

η——颗粒表观黏度，Pa·s；

ω——角速度，rad/s；

μ_g——气体黏度，Pa·s；

ρ_g——气体密度，kg/m³；

ρ_S——颗粒密度，kg/m³；

4.3 黏结失流预测模型建立

4.3.1 基本假设

颗粒在流化床内运动行为主要取决于颗粒受到的各种作用力的合力。因此，本研究基于黏性力和曳力的平衡构建了流化床内颗粒流化行为的预测模型。为了对初始流化速率和黏结失流温度进行准确预测，本模型考虑到颗粒的运动、碰撞、团聚等情况，为了简化分析，本模型做出如下假设：

（1）床层颗粒为球形，且粒度均一；

（2）流化床反应器内壁的影响忽略不计；

（3）颗粒受到的分离力是主要来自流化气体的曳力；

（4）当颗粒所受曳力大于颗粒之间的黏性力时，颗粒可以正常流化（如图4-3（a）所示）；当颗粒之间的黏性力大于颗粒受到的曳力时，则黏结失流发生（如图4-3（b）所示）。

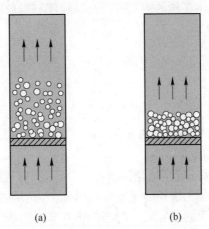

(a)   (b)

图4-3 颗粒流化状态示意图

（a）正常流化；（b）黏结失流

4.3.2 模型建立

本研究采用受力平衡来预测颗粒的初始流化速率和黏结失流温度，基于之前测得的表观黏度数据，利用粉体颗粒的表观黏度表征颗粒抵抗剪切运动的力的大小，根据牛顿黏性定律可以求得[8]：

$$F_c = \eta S \dot{\gamma} \tag{4-1}$$

式中 F_c——颗粒层之间的相互作用力，N；

    S——颗粒层间的接触面积，m^2；

    $\dot{\gamma}$——桨叶对于粉体颗粒的剪切率，s^{-1}。

    对于 S 和 $\dot{\gamma}$ 的选取，本研究采用双圆板结构，其原理为将桨叶在粉体颗粒中的旋转视为平板旋转（见图 4-4（a）），上方没有粉体，桨叶转动时，粉体下方的圆板不转，则粉体在颗粒中的旋转可以简化为双圆板结构（见图 4-4（b））。

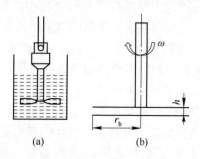

(a)   (b)

图 4-4　桨叶在颗粒中旋转示意图（a）和简化后双圆板结构示意图（b）

    因此，桨叶对于粉体颗粒的剪切率以及颗粒层与颗粒层之间的接触面积，可以分别通过下式求得：

$$\dot{\gamma} = \frac{r_b}{h}\omega \tag{4-2}$$

$$S = \pi r_b^2 \tag{4-3}$$

式中　　r_b——桨叶半径，m；

    h——桨叶距离坩埚底部的高度，m；

    ω——桨叶角速度，rad/s。

    桨叶与颗粒剪切截面示意图如图 4-5（a）所示，单个颗粒在桨叶下方的截面积可以看作是以颗粒直径为边长的正方形，因此，每层颗粒的数量等于桨叶剪切旋转对应的圆板中所包含的颗粒对应的当量正方形的数量，由下式求得：

$$n = \frac{\pi r_b^2}{d_p^2} \tag{4-4}$$

式中　　d_p——颗粒半径，m。

    由于桨叶在粉体颗粒中的旋转的剪切力可以看作是两颗粒层相互作用力合力，因此每个颗粒受到的平均黏性力如图 4-5（b）所示，可以通过下式计算：

$$F_p = \frac{\eta\dot{\gamma}d_p^2}{2} \tag{4-5}$$

    关于流化床中颗粒受到的曳力计算已经有很多成熟的模型[1,9-10]。本模型主要用来预测流化床的初始流化速率和黏结失流温度，而在初始流化条件下及流化后发生黏结失流的条件下，颗粒受到的曳力并不相同，因此本研究构建的模型对

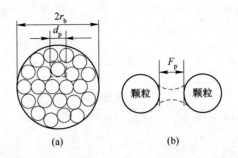

图 4-5 桨叶在颗粒中旋转截面示意图 (a) 和颗粒相互作用力示意图 (b)

于颗粒受到的曳力计算也分情况讨论。

首先，对于初始流化速率的预测即固定床条件下曳力计算采用 Ergun's 公式[9]：

$$F_d = 25\frac{\pi(1-\varepsilon)}{\varepsilon^3}\mu_g u d_p + 0.29\frac{\rho_g u^2 d_p^2}{\varepsilon^3} \tag{4-6}$$

式中　ε——床层孔隙率，无量纲；

　　　μ_g——气体黏度，Pa·s；

　　　u——气体表观气速，m/s；

　　　ρ_g——气体密度，kg/m³；

　　　d_p——颗粒直径，m。

因此，固定床条件下单个颗粒受到的曳力可通过下式求得[11]：

$$F_{d1} = \frac{\pi F_d d_p^3}{6(1-\varepsilon)} \tag{4-7}$$

式中的床层孔隙率 ε 可由下式求得：

$$\varepsilon = 1 - \frac{m_0}{\rho_S \pi r_d^2 H} \tag{4-8}$$

式中　m_0——床层颗粒重量，kg；

　　　ρ_S——颗粒密度，kg/m³；

　　　r_d——流化床半径，m；

　　　H——流化床内床层料高，m。

当流化气速继续增大至超过某一临界值即初始流化速率后，床层开始膨胀。Zhong[12] 和 Turton[13] 的研究表明此时床层颗粒受到的曳力不再服从 Ergun's 公式，但是可以通过式 (4-9) 求得：

$$F_{d2} = \alpha C_d \frac{\pi}{8} d_p^2 \rho_g u^2 \tag{4-9}$$

式中 α 是比例系数表明不可避免误差，C_d 是曳力相互作用系数，与雷诺数 Re 的关系如式（4-10）所示：

$$C_d = \frac{24}{Re}(1 + 0.173Re^{0.657}) + \frac{0.413}{1 + 16300Re^{-1.09}} \tag{4-10}$$

为了求得比例系数 α 并简化模型，本研究假设颗粒受到的曳力在初始流化速率时即颗粒开始流化的临界点处是相等的，即：

$$25\frac{\pi(1 - \varepsilon)}{\varepsilon^3}\mu_g u d_p + 0.29\pi\frac{\rho_g u^2 d_p^2}{\varepsilon^3} = \alpha C_d \frac{\pi}{8}d_p^2\rho_g u^2 \tag{4-11}$$

由式（4-11）可以求得比例系数 α，因此，颗粒在流化后的曳力可由式（4-9）求得。

4.4　模型理论预测值与实验值对比分析

4.4.1　初始流化速率预测

影响颗粒流化性能的因素很多，大概可以分为两类，第一类是颗粒物性如颗粒直径大小、形状、密度、比表面积等；第二类是实验操作条件如气速、温度等。各个因素对于颗粒流态化的影响机理也不同，之间的相互关系也较为复杂，而初始流化速率可以有效体现出这些因素对颗粒流化性能的影响，因此初始流化速率是判断颗粒流化性能和流化难易程度的重要物理量。初始流化速率也称作临界流化速率，指当流化气体的速度达到某一个临界值时，颗粒开始松动，流化床由固定床变为流化床，此时气体的表观速率即为颗粒流化的初始流化速率，是流化床颗粒流化操作的最低气速[14-15]。

根据流态化基本原理[16]，当颗粒达到初始流化状态时，处于受力平衡的状态，即流化介质对颗粒的曳力等于颗粒间作用力和自身重力之合。对于初始流化速率的预测，本研究通过颗粒受到的黏性力与固定床条件下颗粒受到的曳力相等即 $F_{d1} = F_p$ 来预测室温下球形铜粉颗粒在不同流化气体 Ar、CO_2、N_2 和 H_2 下的初始流化速率，预测结果如图 4-6 所示。

流化气体的种类对于流化床内的颗粒流化状态有直接的影响[17]，而流化气体性质主要影响流化床的流化质量，包括床层压降和初始流化速率等[18]。为了验证本研究提出的预测模型的准确性，实验分别测定了四种不同流化气体（Ar、N_2、CO_2 和 H_2）下流化床的初始流化速率，如图 4-6 所示。从图中可以看出，在 Ar、N_2、CO_2 条件下模型预测的初始流化速率与实验测得的初始流化速率基本相同，证明预测模型具有一定的准确性和可靠性。同时进一步表明，通过牛顿黏性定律，由表观黏度计算所得的颗粒相互作用力，对室温条件下流化床中颗粒间相互作用力的合力的表征具有一定可靠性，可以通过黏性力与曳力的平衡模型对初始流化速率进行预测分析。然而在 H_2 条件下的预测值与理论值出现较大偏差，此偏差出现的主要原因是铜粉颗粒在 H_2 作为流化气体进行流化过程中，铜粉颗粒表面会吸附 H_2，这种吸附现象的出现已有研究报道证实[19]。所以，可以推断本研究实验过程中使用 H_2 进行流化时，铜粉颗粒的表面发生了吸附现象，使球形铜粉颗粒流化过程中需要更多的 H_2，而本研究的受力模型中未考虑此吸附现象，所以实验测得的 H_2 作为流化气体时的初始流化速率远远高于模型预测值。

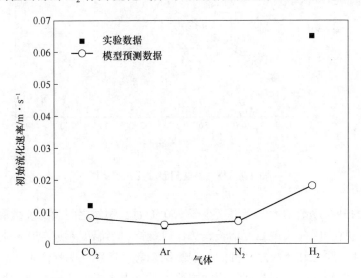

图 4-6 初始流化速率模型预测值与实验数据对比

4.4.2 黏结失流温度预测

模型建立过程中，在计算颗粒流化过程中颗粒受到的曳力时需要知道气体的黏度。在室温条件下气体的黏度为常数，而在高温条件下，气体的黏度随温度的升高而增大，计算颗粒受到的曳力时需要知道流化气体的黏度随温度的变化关系，故本研究查阅了关于 Ar 黏度随温度变化的相关数据[20-21]，发现已有的 Ar 黏度温度数据只有数据点，而没有黏度温度的具体线性关系，且温度范围的上限是 350 ℃。而本模型受力计算过程中需要知道 Ar 的黏度与温度的具体关系，同时在进行高温受力分析时，温度已经超过 350 ℃ 的上限，需要具体的线性关系对 Ar 高温黏度进行预测。所以，在高温黏结失流温度预测模型建立前，本研究对已有的 Ar 黏度温度数据进行了拟合，拟合结果如图 4-7 所示，并得到了理想的黏度与温度线性关系，见式（4-12）。

$$\mu_g = 0.05T + 21.76 \tag{4-12}$$

球形铜粉的表观黏度与温度的关系如图 4-8（a）所示。球形铜粉的表观黏度

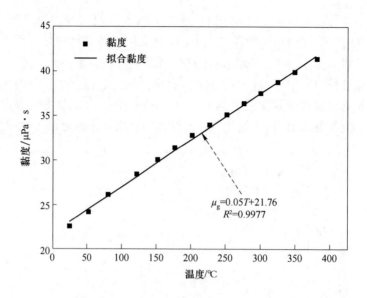

图 4-7 氩气黏度随温度变化趋势图

随着温度的升高逐渐增大。当温度小于 250 ℃时，颗粒之间没有发生黏结，颗粒聚团结构出现，因此表观黏度增长趋势比较缓慢；当温度超过 250 ℃时，颗粒开始具有黏性，颗粒和颗粒之间开始出现黏结趋势，颗粒在黏结力的作用下开始形成聚团，此时颗粒之间的相互作用力主要以黏结力为主，并开始急剧增大，因此表现在宏观上的表观黏度增大。

根据式（4-5），基于已经测得的表观黏度的数据和已知的实验条件参数如桨叶半径等，可以计算出颗粒之间黏结力的大小，结果如图 4-8（b）所示，由图中数据点的趋势可以看出，球形铜粉颗粒之间的黏结力与温度呈指数关系。表观黏度与温度的关系式可以通过数据拟合获得，如式（4-13）所示。

由于采用的高温粉熔体黏度仪中扭矩传感器量程的限制，球形铜粉颗粒的表观黏度只能测试到 350 ℃，超过 350 ℃后，球形铜粉颗粒之间黏结力由式（4-13）计算求得。

$$F_p = 1.2 \times 10^{-9} e^{\frac{T}{38.6}} + 8.6 \times 10^{-6} \quad (R^2 = 0.99349) \tag{4-13}$$

模型预测的黏结失流温度如图 4-9 所示。图中所示的曳力由式（4-9）在不同气速条件下分别求得。从图中可以看出，球形铜粉颗粒受到的曳力随着温度的升高逐渐增大。图中所示黏结力由式（4-13）求得，从图中发现，球形铜粉颗粒受到的黏结力也随温度的升高而逐渐增大。

在不同的气速条件下，球形铜粉颗粒受到的曳力随着温度升高呈线性增长趋势。球形铜粉颗粒受到的黏结力在低温（<250 ℃）条件下基本保持不变，由于

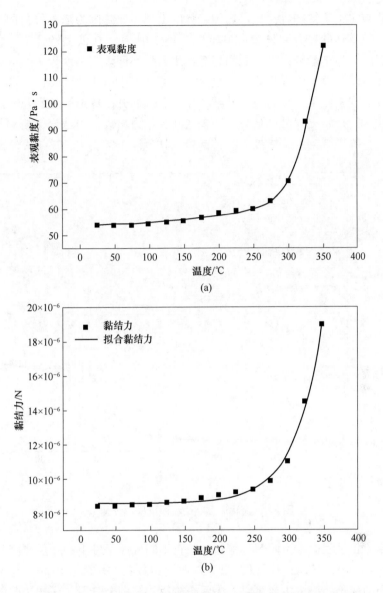

图 4-8 球形铜粉颗粒表观黏度及黏结力随温度的变化趋势图

（a）表观黏度；（b）黏结力随温度的变化趋势

　　球形铜粉颗粒在低温条件下表面原子没有发生迁移，颗粒之间没有黏结趋势，因此表观黏度没有出现增长趋势。当流化温度超过 250 ℃后，黏结力的增长倍数明显高于曳力，当颗粒受到的曳力和黏结力平衡时，即图中有交点出现时，表明黏结失流发生，交点对应的温度即为模型预测的黏结失流温度。

　　进一步分析图 4-9 可以发现，模型预测的黏结失流温度也随着气速的增大而升高，这与实验所得趋势一致。这种趋势的出现主要是因为随着气速的增大，球形铜粉颗粒受到的曳力明显增大，如式（4-9）所示。在低温条件下，颗粒之间由于没有出现黏结趋势，颗粒之间相互作用力较小即表观黏度较小，因此颗粒的黏结力在低温条件下没有出现大幅增大，故低温条件下球形铜粉颗粒正常流化，无黏结失流现象发生。在高温条件下，随着温度的升高球形铜粉颗粒表观黏度增大，颗粒之间开始出现黏结趋势，颗粒之间黏结力增大，当球形铜粉颗粒受到的黏结力大于等于受到的气体曳力时，铜粉颗粒不能正常流化，黏结失流发生。

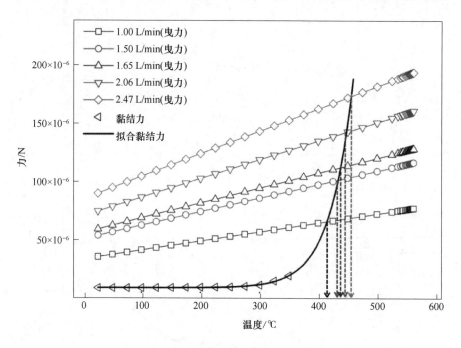

图4-9 流化床黏结失流温度模型预测值

高温流化过程中，不同球形铜粉颗粒在不同气速条件下的床层压降与温度关系如图4-10所示。从图中可以看出，球形铜粉颗粒的压降在不同气速条件下表现出相同的变化趋势，主要可以分为两个阶段：第一个阶段，床层压降随着温度的升高呈线性膨胀趋势。这个阶段中，随着温度的升高，流化气体开始受热膨胀，并伴随着气体表观线速度增大的现象。此外，随着温度的升高，气体黏度增大，则气体作用在颗粒上的曳力增大，因此床层压降随着温度的升高不断增大；第二阶段，当到达某一温度时，床层压降没有随着温度的升高继续增大，反而出现突降，通过高温流化床的可视窗口观察发现，此时流化床内球形铜粉颗粒停止流化，出现了固定床。随着温度的进一步升高，固定床状态下，床层压降继续随着温度的升高逐渐增大。这种趋势的出现主要是由于颗粒在高温条件下表面开始

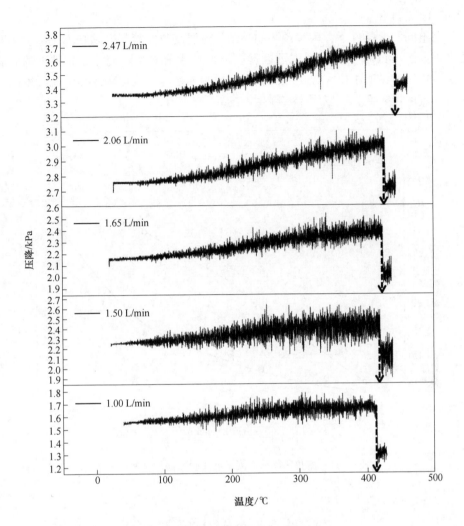

图 4-10　流化床黏结失流温度实验测定值

软化烧结，颗粒发生聚团，当聚团尺寸达到一定值时，气体对颗粒的曳力不能满足聚团颗粒流化。同时，由于聚团颗粒较大，曳力无法对其破碎，流化床内出现沟流形成的通道，大量流化气体没有经过床层而是通过孔道逸出。通常认为，流化床黏结失流发生时，流化颗粒发生显著黏结。为了方便研究，本研究将流化床压降曲线突然开始下降的点所对应的温度定义为黏结失流温度。黏结失流温度可以作为颗粒高温黏结的难易程度的衡量指标，黏结温度越低，越容易发生黏结，颗粒黏结趋势越大。从图 4-10 中可以看出随着气速的增大，铜粉颗粒的黏结失流温度逐渐增大。不同气速条件下，其黏结失流温度分别是 413 ℃（1 L/min）、418 ℃（1.5 L/min）、420 ℃（1.65 L/min）、425 ℃（2.06 L/min）和 445 ℃

（2.47 L/min）。

在不同气速条件下，模型预测的黏结失流温度与实验测得黏结失流温度的对比结果如图 4-11 所示。从图中可以看出模型预测值与实际流化床条件下的实验值基本接近，说明本研究提出的黏结失流预测模型对于流化床黏结失流温度的预测有一定的可靠性，可以用于实际生产指导。

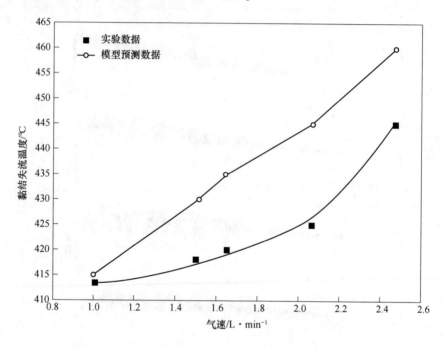

图 4-11　流化床黏结失流温度实验数据与模型预测

4.5　本章小结

基于流化过程中颗粒的受力平衡，本研究建立了一个新的数学模型对颗粒流化行为进行预测分析。本模型中颗粒受到的黏性力通过牛顿黏性定律由颗粒表观黏度求得，颗粒受到的分离力主要通过曳力计算求得，基于黏性力和曳力的平衡，本研究构建了流化床流化特性预测模型。为了检验模型的可靠性和准确性，对 75 μm 的球形铜粉进行了黏度测试实验和流化实验，通过对实验数据和模型预测数据分析对比，得出以下主要结论：

（1）在初始流化时（固定床），当颗粒受到的曳力大于颗粒之间相互作用力时，颗粒开始流化，此时对应的气速为模型预测的初始流化速率。在流态化过程中，即曳力大于相互作用力，随着温度的升高颗粒之间黏结力逐渐增大，当黏结力等于曳力时，黏结失流发生，对应的温度为模型预测的黏结失流温度。

（2）随着温度的升高，颗粒表观黏度增大，即颗粒之间作用力增大，基于实验测得的表观黏度，可以得出颗粒之间黏性力与温度的关系式为：

$$F_p = 1.2 \times 10^{-9} e^{\frac{T}{38.6}} + 8.6 \times 10^{-6}$$

（3）颗粒受到的曳力随着气速的增大呈线性增长。颗粒受到的黏性力在低温条件下（<250 ℃）由于颗粒之间没有发生黏结增长缓慢，当温度超过250 ℃后，黏性力开始陡增。在高温条件下，当黏结力增大到与曳力相等时，黏结失流发生。

（4）研究提出的模型对于初始流化速率的预测及高温条件下黏结失流温度的预测与流化床实验测得的值基本一致，表明本研究提出的流化行为预测模型具有一定准确性和可靠性，可用于实际生产指导。

参 考 文 献

[1] Mikami T, Kamiya H, Horio M. The mechanism of defluidization of iron particles in a fluidized bed [J]. Powder Technology, 1996, 89 (3): 231-238.

[2] Seville J P K, Silomon-Pflug H, Knight P C. Modelling of sintering in high temperature gas fluidisation [J]. Powder Technology, 1998, 97 (2): 160-169.

[3] Knight P C, Seville J P K, Kamiya H, et al. Modelling of sintering of iron particles in high-yemperature gas fluidisation [J]. Chemical Engineering Science, 2000, 55 (20): 4783-4787.

[4] Tardos G I, Mazzone D, Pfeffer R. Destabilization of fluidized beds due to agglomeration part I: theoretical model [J]. Canadian Journal of Chemical Engineering, 1985, 63 (3): 377-383.

[5] Tardos G I, Mazzone D, Pfeffer R. Destabilization of fluidized beds due to agglomeration part II: experimental verification [J]. Canadian Journal of Chemical Engineering, 1985, 63 (3): 384-389.

[6] Moseley J L, O'Brien T J. A model for agglomeration in a fluidized bed [J]. Chemical Engineering Science, 1993, 48 (17): 3043-3050.

[7] Lin C L, Wey M Y, You S D. The effect of particle size distribution on minimum fluidization velocity at high temperature [J]. Powder Technology, 2002, 126 (3): 297-301.

[8] 陈惠钊. 黏度测量 [M]. 北京: 中国计量出版社, 2002.

[9] Gong X, Zhang B, Wang Z, et al. Insight of iron whisker sticking mechanism from iron atom diffusion and calculation of solid bridge radius [J]. Metallurgical and Materials Transactions B, 2014, 45 (6): 2050-2056.

[10] He J, Zhao Y, He Y, et al. Force measurement and calculation of the large immersed particle in dense gas-solid fluidized bed [J]. PowderTechnology, 2013, 241: 204-210.

[11] Kuo J H, Shih K, Lin C L, et al. Simulation of agglomeration/defluidization inhibition process

in aluminum-sodium system by experimental and thermodynamic approaches [J]. Powder Technology, 2012, 224: 395-403.

[12] Zhong Y W, Wang Z, Guo Z C, et al. Prediction of defluidization behavior of iron powder in a fluidized bed at elevated temperatures: theoretical model and experimental verification [J]. Powder Technology, 2013, 249: 175-180.

[13] Turton R, Levenspiel O. A short note on the drag correlation for spheres [J]. Powder Technology, 1986, 47 (1): 83-86.

[14] 吴占松, 马润田, 汪展文. 流态化技术基础及应用 [M]. 北京: 化学工业出版社, 2006.

[15] 郭占成, 公旭中. 流态化还原铁矿粉黏结机理及抑制技术 [M]. 北京: 科学出版社, 2015.

[16] 金涌, 祝京旭, 汪展文, 等. 流态化工程原理 [M]. 北京: 清华大学出版社, 2001.

[17] Xie H Y. The role of interparticle forces in the fluidization of fine particles [J]. Powder Technology, 1997, 94 (2): 99-108.

[18] Xu C, Zhu J X. Effects of gas type and temperature on fine particle fluidization [J]. China Particuology, 2006, 4 (3/4): 114-121.

[19] Zhong Y W, Wang Z, Guo Z C, et al. Defluidization behavior of iron powders at elevated temperature: influence of fluidizing gas and particle adhesion [J]. Powder Technology, 2012, 230: 225-231.

[20] 刘灿. 双毛细管测量高温气体黏度的研究 [D]. 河北: 河北大学, 2014.

[21] Vogel E, Jäger B, Hellmann R, et al. Ab initio pair potential energy curve for the argon atom pair and thermophysical properties for the dilute argon gas. Ⅱ. thermophysical properties for low-density argon [J]. Molecular Physics, 2010, 108 (24): 3335-3352.

5 纳米添加剂对于颗粒流动性改善的探索研究

5.1 黏结失流抑制方法的研究发展

室温条件下，颗粒之间的吸附主要来源于较强的分子间作用力，而高温条件下颗粒之间的相互作用力主要是颗粒之间的黏结力。为此长期以来研究人员采取了不同的方法来改善粉体颗粒的流动性。根据影响机制的不同，通常分为两类方法，一类是通过引入外部能量来破坏聚团，克服分子间作用力，包括机械搅拌[1]、机械振动[2]、声波振动[3]、电场或磁场扰动[4] 等；另一类是通过对颗粒进行表面修饰直接降低分子间作用力，包括气体吸附[5]、加入更小的颗粒作为添加剂等，例如加入纳米添加剂作为流动辅助添加剂。加入纳米添加剂的方法有很多优势，首先，这种方法可以提高细粉颗粒的流化品质。在许多先前的研究中，通常认为纳米添加剂既能作为粉体颗粒间的物理分隔，又能起到减少颗粒间摩擦的润滑作用[6]。其次，加入纳米添加剂的方法容易操作，易于进行工业放大，且不需要额外设备，成本较低。因此本研究选用加入纳米添加剂作为改善颗粒流动性的主要方法，并通过表观黏度的测定分析研究纳米添加剂对粉体颗粒流动性改善的效果。

本章节重点研究纳米 SiO_2 添加剂对粉体颗粒表观黏度的影响，分别测定了在室温条件和高温条件下，含纳米 SiO_2 添加剂的粉体颗粒的表观黏度，以及在高温流化过程中，纳米 SiO_2 添加剂对粉体颗粒黏结失流温度的影响。通过能谱和扫描电镜分析了纳米 SiO_2 添加剂对于颗粒表面包覆的程度，并对纳米 SiO_2 添加剂对颗粒表观黏度的影响机理进行了分析。

5.2 实验过程

5.2.1 实验装置和材料

粉体表观黏度的测定装置是自主研发设计的高温高压粉熔体黏度计，如图 2-1 所示。实验采用的流化床为高温可视流化床，如图 3-1 所示，其内径为 30 mm 的石英管流化床，由电阻丝炉提供热量，流化床由内外两层石英管组成，内外石英管之间的空隙用于还原气体的预热。

　　实验选用北京兴荣源科技有限公司生产的平均粒径 150 μm 分析纯铁粉（纯度>99.9%）其粒度分布如图 5-1 所示。实验中选用的纳米添加剂为一种商品化 R972 纳米粒子，如图 5-2 所示，其主要成分是 SiO_2，平均粒径为 16 nm。本研究采用机械搅拌的方式将纳米 SiO_2 添加剂混合到铁粉颗粒中，分别选取了质量分数为 0.5%、0.8%、1.5% 的纳米添加剂混入到铁粉颗粒中。

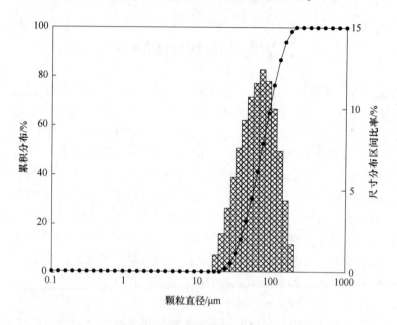

图 5-1　铁粉颗粒粒度分布示意图

图 5-2　纳米 SiO_2 添加剂示意图

5.2.2 实验条件和方法

首先，将铁粉颗粒放入烘干箱内进行烘干处理，在 100 ℃下烘干 2 h。其次，按照不同的添加剂比例依次称取一定量的 150 μm 铁粉颗粒和纳米 SiO_2 颗粒。最后，将称量好的铁粉颗粒和纳米 SiO_2 颗粒加入搅拌机内，进行搅拌混合，制得含纳米级 SiO_2 添加剂质量分数分别为 0.5%、0.8%和 1.5%铁粉颗粒。同时取不含纳米级 SiO_2 添加剂的纯铁粉颗粒做对比实验。

5.3 纳米添加剂对于颗粒包覆效果微观分析

为了检验机械搅拌的混合方式是否可以将纳米 SiO_2 添加剂有效包覆在铁粉颗粒表面。实验对混合了不同质量分数纳米 SiO_2 添加剂的铁粉颗粒进行了 SEM 图片分析，分析结果如图 5-3 所示。从图中可以看出，未混合纳米 SiO_2 添加剂的

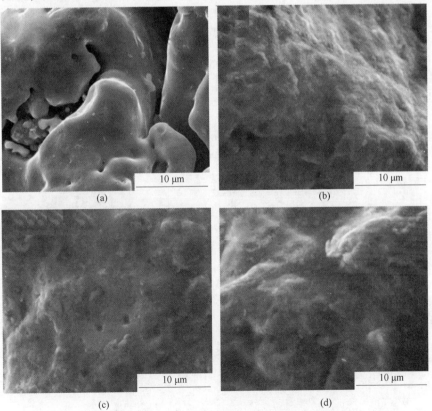

图 5-3　150 μm 铁粉配加不同质量分数纳米添加剂的表面形貌（×10000）

（a）不含纳米添加剂；（b）添加剂质量分数为 0.5%；

（c）添加剂质量分数为 0.8%；（d）添加剂质量分数为 1.5%

铁粉颗粒的表面光滑，而加入纳米 SiO_2 添加剂后铁粉颗粒表面开始变粗糙，且随着纳米 SiO_2 添加剂含量的增大，包覆效果越来越好，当纳米 SiO_2 添加剂含量达到1.5%时，可以观察到铁粉颗粒表面几乎全部被包覆，由此证明，机械搅拌的方式可以将纳米 SiO_2 添加剂混合到铁粉颗粒中，并有效包覆在铁粉颗粒表面。

考虑到纳米 SiO_2 添加剂属于蓬松状态粉末（见图5-2），密度小，分散性较好，机械搅拌过程可能有损失。为了进一步验证其是否均匀包覆在铁粉颗粒表面，实验对上述4种颗粒进行 SEM 分析同时进行了能谱分析，分析结果如图5-4所示。

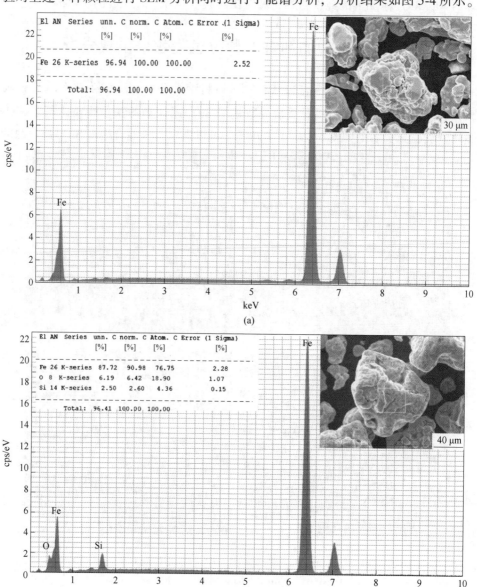

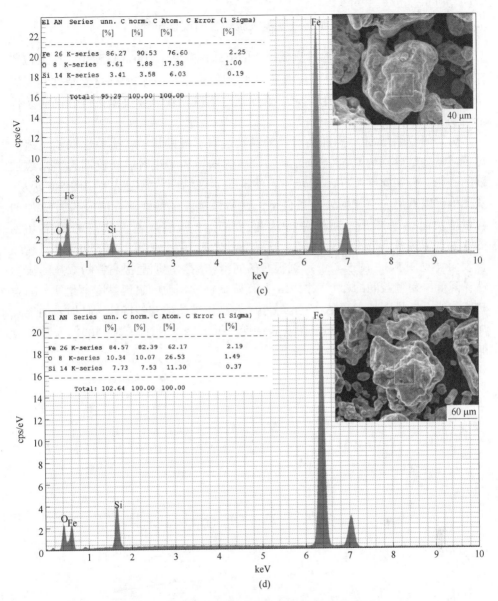

图 5-4　不同含量的纳米添加剂的铁粉 SEM-EDS

(a) 无纳米添加剂；(b) 配加 0.5%纳米添加剂；

(c) 配加 0.8%纳米添加剂；(d) 配加 1.5%纳米添加剂

从图中可以看出随着纳米添加剂加入量增大，铁粉颗粒表面 Si 和 O 的含量也增大，表明随着 SiO_2 纳米添加剂混合加入量的逐渐增大，其在铁粉颗粒表面包覆量也逐渐增大，说明本研究采用的机械搅拌混合法可以有效将纳米添加剂颗粒包裹在铁粉颗粒表面。

5.3.1　室温条件下纳米添加剂对于颗粒流动性的改善研究

本研究将纳米级 SiO_2 通过机械搅拌的方式混合到 150 μm 铁粉中，使其包覆在铁粉颗粒表面，然后测定混合纳米添加剂后的 150 μm 铁粉在室温条件和高温条件下的表观黏度，研究纳米 SiO_2 添加剂对于铁粉颗粒在室温条件和高温条件下流动性的改善。

为了研究纳米 SiO_2 添加剂对铁粉颗粒表观黏度的影响，实验选取了 3 组添加剂质量分数分别为 0.5%、0.8%、1.5% 的铁粉和 1 组对照实验即无纳米添加剂的铁粉，分别测定了在不同转速条件下的表观黏度，测定结果如图 5-5 所示。从图中可以看出，在相同转速条件下，铁粉颗粒表观黏度随着纳米 SiO_2 添加剂含量增大而逐渐减小，通过分析认为，SiO_2 添加剂是蓬松状态的粉末（见图 5-2），其密度小，分散性能好，与铁粉颗粒充分混合后可以有效包裹在铁粉颗粒表面（见图 5-3、图 5-4），起到很好的润滑作用，能明显提高铁粉颗粒的流动性，降低铁粉颗粒间的相互摩擦力，从而降低铁粉颗粒的表观黏度。此外，随着转速的增大铁粉颗粒表观黏度逐渐减小，表现出剪切稀变的特性，且加入纳米添加剂后的铁粉依然表现出剪切稀变的特性，说明纳米 SiO_2 添加剂的加入没有改变铁粉颗粒剪切稀变的特性。

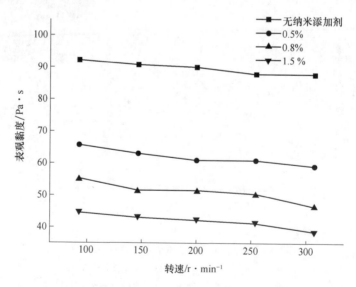

图 5-5　配加不同质量分数纳米添加剂的铁粉的表观黏度随转速的变化

5.3.2　高温条件下纳米添加剂对于颗粒流动性改善的研究

为了研究纳米 SiO_2 添加剂对铁粉颗粒在高温条件下表观黏度的影响，本研究测定了含有不同质量分数的纳米 SiO_2 添加剂铁粉的表观黏度随温度的变化，如图 5-6 所示。

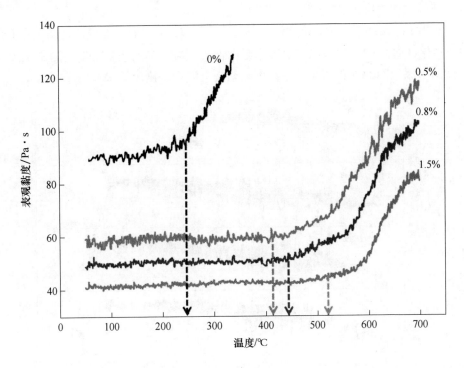

图 5-6 配加不同质量分数纳米添加剂的铁粉表观黏度随温度变化

通过对比图中 4 条黏度温度变化曲线发现，加入纳米 SiO_2 添加剂后，铁粉颗粒的表观黏度在低温条件下明显降低，与室温条件下的结论一致（见图 5-5）。同时随着温度的升高，铁粉的表观黏度随着纳米 SiO_2 添加剂加入量的增大逐渐减小，黏性拐点出现温度逐渐升高，分别是 250 ℃（0%）、410 ℃（0.5%）、445 ℃（0.8%）和 520 ℃（1.5%），由此说明纳米添加剂对铁粉颗粒的流动性改善在高温条件下也有效。可以解释为高温条件下纳米添加剂的加入也使铁粉颗粒之间相互作用力减弱，与室温条件下原理相同，即随着纳米添加剂加入量的加大，其对于颗粒的包覆更加严密，铁粉颗粒之间接触机会减少，铁粉颗粒之间的作用力进一步减弱，而 SiO_2 纳米颗粒之间的相互作用力又较弱，因此，桨叶测得的扭矩减小，表观黏度也变小。进一步对比 4 条曲线可以发现，随着纳米添加剂加入量的增大，铁粉黏性拐点出现的温度（箭头所示）也逐步增大。所以通过控制纳米添加剂的加入量可以有效控制铁粉颗粒黏性拐点出现的温度点，实现纳米添加剂对铁粉颗粒在高温条件下以黏结力为主要相互作用力的大小控制，从而实现纳米添加剂对铁粉流化黏结失流的抑制。

5.4　流态化条件下纳米添加剂对于黏结失流的抑制研究

在固定床条件下，SiO_2 纳米添加剂的加入可以有效改善颗粒的流动性，为了研究流态化过程中 SiO_2 纳米添加剂抑制黏结促进颗粒流动的效果，实验测定了加入 SiO_2 纳米添加剂的铁粉颗粒的流化床黏结失流温度，测定结果如图 5-7 所示。

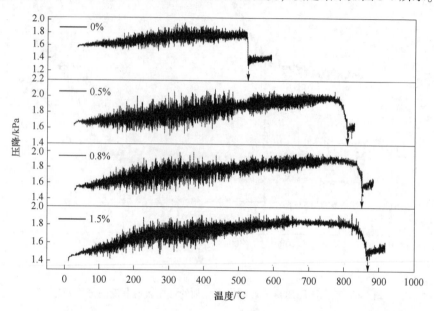

图 5-7　配加不同质量分数纳米添加剂的铁粉流化床黏结失流温度

通过图中 4 条压降随温度变化曲线对比发现，加入纳米 SiO_2 添加剂后，铁粉颗粒的黏结失流温度明显升高，表明在高温流态化条件下，纳米添加剂依然可以有效改善粉体颗粒流动性，进而抑制颗粒发生高温黏结，这与固定床条件下的结论一致。此外，铁粉颗粒的黏结失流温度随着纳米 SiO_2 添加剂加入量的增大而增大，说明纳米添加剂的加入量越大，对于铁粉颗粒的高温流化黏结抑制效果越好。可以解释为高温流态化条件下，纳米添加剂的加入也使铁粉颗粒之间相互作用力减弱，与固定床条件下原理相同，即随着纳米添加剂加入量的增大，纳米添加剂对于颗粒的包覆更加严密，铁粉颗粒之间接触机会减少，同时又起到减少铁粉颗粒之间摩擦力的作用。流态化条件下铁粉颗粒之间的作用力进一步减弱，而包覆的 SiO_2 纳米添加剂颗粒之间的相互作用力又较弱，黏结趋势减弱，所以黏结失流温度随着纳米添加剂的加入量增大而升高。

为了检验通过机械搅拌的混合方式将纳米 SiO_2 添加剂包覆在铁粉颗粒表面

在流态化条件下是否有效。实验将黏结失流后，混合了不同质量分数的纳米 SiO_2
添加剂的铁粉颗粒进行了扫描电镜分析和能谱分析，分析结果如图 5-8 所示。从
图中可以看出随着纳米添加剂加入量增大，铁粉颗粒表面 Si 和 O 的含量增大，
表明在流化过程中，随着 SiO_2 纳米添加剂混合加入量的增大，其在铁粉颗粒表
面包覆量增大。由此说明本研究采用的机械搅拌混合法实现的纳米添加剂颗粒对
铁粉颗粒的包裹在流态化条件下依然有效。

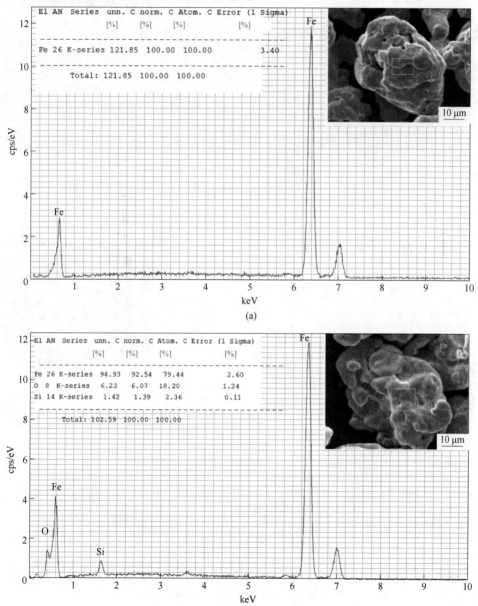

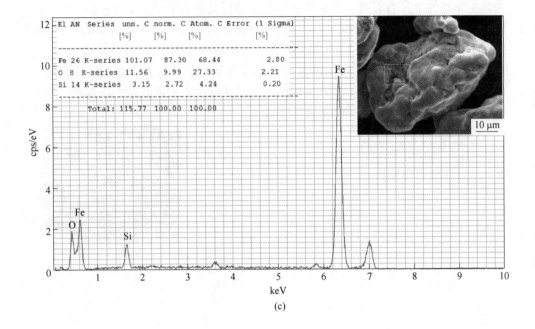

(c)

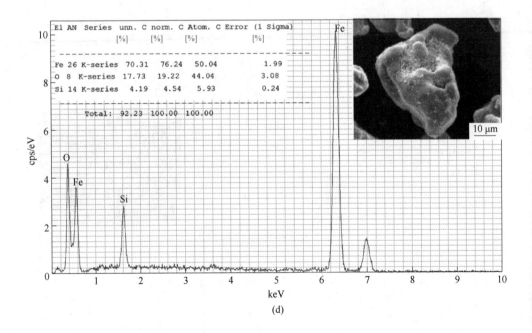

(d)

图 5-8　不同含量的纳米添加剂的铁粉流化床还原过程 SEM-EDS

（a）无纳米添加剂；（b）配加 0.5% 纳米添加剂；

（c）配加 0.8% 纳米添加剂；（d）配加 1.5% 纳米添加剂

5.5 本章小结

在粉体颗粒中加入纳米添加剂作为流动辅助添加剂来改善粉体颗粒流动性的方法有很多优势。本章节主要研究了纳米 SiO_2 添加剂对 150 μm 铁粉颗粒表观黏度的影响。通过 EDS 能谱和 SEM 扫描电镜分析了纳米 SiO_2 添加剂对于颗粒表面包覆的程度和有效性，并且分别研究了在室温条件和高温条件下，纳米 SiO_2 添加剂对粉体颗粒表观黏度的影响。并对纳米 SiO_2 添加剂在流态化过程中对颗粒高温黏结的抑制效果进行了分析，得出以下主要结论：

（1）通过机械搅拌的方式可以将纳米 SiO_2 添加剂均匀混入到铁粉颗粒中，通过能谱和扫描电镜分析发现，纳米 SiO_2 添加剂可以有效地包覆在铁粉颗粒表面，且随着纳米 SiO_2 添加剂加入量的增大，有效包覆面积也增大。

（2）室温条件下，随着纳米 SiO_2 添加剂的加入，铁粉颗粒表观黏度明显降低，表明纳米 SiO_2 添加剂对铁粉颗粒的包覆有效地减小了铁粉颗粒之间的相互作用力，同时随着纳米 SiO_2 添加剂加入量的增大表观黏度逐渐降低。

（3）高温条件下，随着纳米 SiO_2 添加剂的加入铁粉颗粒表观黏度明显降低，且随着 SiO_2 添加剂加入量的增大，黏性拐点出现温度增大，表明纳米 SiO_2 添加剂在高温条件下有效抑制了铁粉颗粒之间的黏结发生。

（4）高温流态化条件下，随着纳米 SiO_2 添加剂的加入，铁粉颗粒高温黏结失流温度明显升高，且随着 SiO_2 添加剂加入量的增大，黏结失流温度增大，表明纳米 SiO_2 添加剂在高温流态化条件下可以有效地抑制铁粉颗粒的黏结失流。

参 考 文 献

[1] Brekken R A, Lancaster E B, Wheelock T D. Fluidization of flour in a stirred aerated bed：part Ⅰ. General fluidization characteristics [C]. Chemical Engineering Progress Symposium Series, 1970, 66 (101)：81-90.

[2] Xu C, Zhu J. Parametric study of fine particle fluidization under mechanical vibration [J]. Powder Technology, 2006, 161 (2)：135-144.

[3] Montz K W, Beddow J K, Butler P B. Adhesion and removal of particulate contaminants in a high-decibel acoustic field [J]. Powder Technology, 1988, 55 (2)：133-140.

[4] Liu Y A, Hamby R K, Colberg R D. Fundamental and practical developments of magnetofluidized beds：a review [J]. Powder Technology, 1991, 64 (1/2)：3-41.

[5] Geldart D, Abrahamsen A R. Homogeneous fluidization of fine powders using various gases and pressures [J]. Powder Technology, 1978, 19 (1)：133-136.

[6] Kono H O, Huang C C, Xi M. Effect of flow conditioners on the tensile strength of cohesive powder structures [J]. AIChE Symp. Ser. 1989, 85 (270)：44-48.

6 流化床表观黏度测定及预测

6.1 流化床表观黏度测定方法的发展

　　黏性是流体的基本属性，黏度是黏性的度量，是对流体内摩擦力和流动阻力的度量。流态化是指颗粒物料在流体的作用下，由原始相对静止的状态转变为具有流体属性的流动状态。具有"流体"属性的流化颗粒在流化床内经实验研究证明同样具有黏度。

　　关于鼓泡流化床表观黏度的测定方法主要有落球法[1-4]、旋转法[5-8]、气泡上升法[9-13] 等，第3章研究所用的粉体颗粒的表观黏度测定方法即为旋转法，本章节将用来测定鼓泡床的表观黏度。然而，上述这些方法对于循环流化床及管道中气-固两相流的表观黏度的测定有一定实验条件限制。因此，许多学者通过借助已知的实验参数推导各种数学模型并对气-固两相流的表观黏度进行预测[14-15]。而这些推导预测中，对于流化床中气-固两相流表观黏度的预测更多的是将已有的液-固两相流表观黏度预测模型直接用于气-固两相流表观黏度预测[16]。但是，这些模型是基于一些特定流化床对于气-固两相流进行预测，对于循环流化床中气-固两相流的预测还不是很准确。因此，基于可获得的实验数据回归推导更准确可靠的数学模型预测下行循环流化床气-固两相流的表观黏度是十分必要的。受到 Moody 图计算管道中摩擦压降的启发，气-固两相流的表观黏度可以通过循环流化床内充分发展区的压降求得。

　　基于本书提出的粉体表观黏度概念及相关确定的测定方法，本章将测定室温条件和高温条件下鼓泡流化床的表观黏度。对于下行循环流化床的黏度，本章节将基于实验测得的气-固两相流在下行循环流化床中充分发展区的压降计算求得摩擦系数，再结合管道粗糙度计算管道中气-固两相流的雷诺数，最终求得气-固两相流的表观黏度。在此基础上研究分析了固含率（颗粒百分含量）和气速对气-固两相流表观黏度的影响，最终回归得到了下行循环流化床气-固两相流表观黏度预测模型。最后，通过 CFD 对气体单相流产生的管道压降和实验测得的压降用摩擦压降测试方法进行了验证，将模型计算求得的表观黏度用于气-固两相流压降预测，通过将预测压降与实验测得的压降对比分析，验证了下行流化床气-固两相流表观黏度预测模型的准确性和可靠性。

6.2 实验过程

6.2.1 实验装置

本实验采用的主要装置是鼓泡流化床和下行循环流化床。其中鼓泡流化床及表观黏度的测定装置如图 6-1 所示。此装置为改进装置,将测量粉体表观黏度的高温粉熔体黏度计进行了升级改造,将石英流化管替代石英坩埚,石英流化管中的石英筛作为气体分布器,流化管下部的进气口作为流化气体入口,由外部转子流量计控制流化气速,由此实现对高温流化反应条件的模拟。同时将表观黏度测定装置引入流化床中,实现了高温流化过程中流化床表观黏度的实时测定。

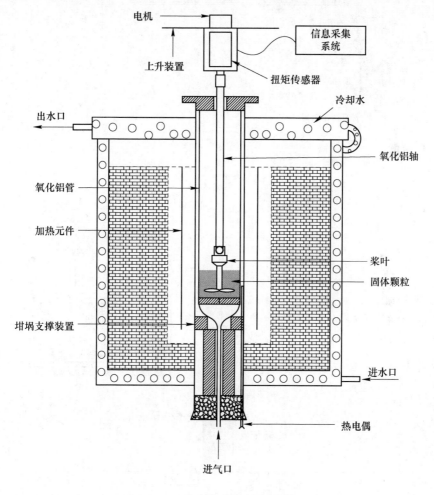

图 6-1 流化床表观黏度测定装置

本实验使用自主研发设计的下行循环流化床，其结构如图 6-2 所示。主要分为 3 部分，第 1 部分为上端储料和进料装置，第 2 部分为流化床下行管，第 3 部分为底部储料装置。

流化床下行管长 5 m，内径 0.0126 m，由金属铜管制成。实验时，顶部储料罐的颗粒通过流化床给料器进入倾斜的振动管后，通过振动进入进料斗。然后，进料斗颗粒和气体同时进入流化床下行管。在进料斗内，气体和颗粒混合均匀后进入流化床下行管内。在下行管的颗粒充分发展区域设置了两个压降监测孔，其与下行管顶部的距离分别是 2.6 m 和 3.9 m。与其他流化床相比，该装置的特点是下行管较长，可以在比较宽的操作条件范围内使气-固两相流有充分的距离发展，从而保证实验压降数据的测得可以完全在充分发展阶段。

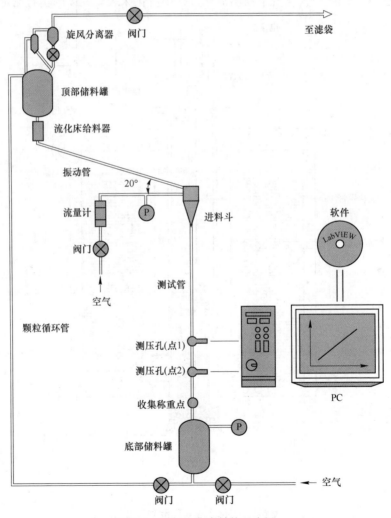

图 6-2　下行流化床结构示意图

为了在下行流化床内得到均匀稳定的固含率，同时保证供料系统的稳定性，本实验自主设计研发了流态化进料装置，如图 6-2 所示。给料系统主要包括流态化给料器、倾斜振动进料管和进料斗。其中流态化给料器内径为 0.2 m，高 0.71 m，倾斜振动进料管内径 0.1 m，长 1.35 m。流态化给料器结构如图 6-3 所示，其主要由上方的储料罐和下方的堆积床组成，下方堆积床主要用来保证堆积颗粒的静压是常数，同时可移动隔板用来控制进料量（即固含率）。

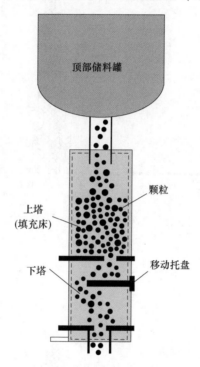

图 6-3　流态化给料器结构示意图

为了保证实验测得压降的准确性，实验前两个压力传感器都经过 U 型管进行了校准。U 型管校准压力传感器方法参考了张等[17] 的压力传感器校准文章。实验中下行流化床的颗粒通量通过在下行管称重点处称重求得（见图 6-2）。每次测量过程中，压力传感器采集 10 次数据，压力传感器的标准偏差小于 5%，最终获得的实验压降数据为 10 次采集数据的平均值。

6.2.2　实验材料

在高温和室温条件下，鼓泡流化床表观黏度测定实验选用的粉体颗粒为北京兴荣源科技有限公司生产的分析纯的 75 μm 球形铜粉、75 μm 非球形铜粉和 75 μm 电解铁粉颗粒，纯度均大于 99.9%，其粒度分布如图 6-4 所示。

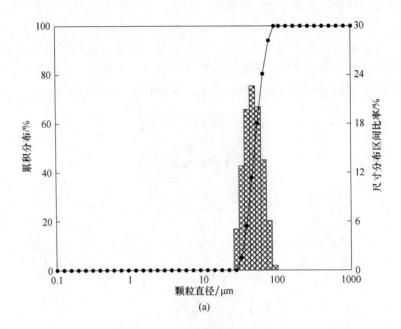

(a)

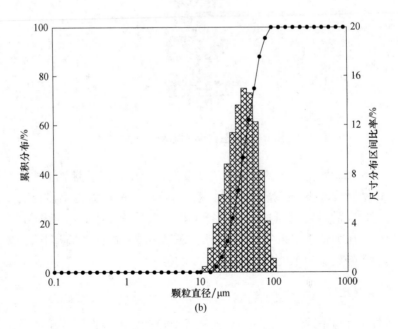

(b)

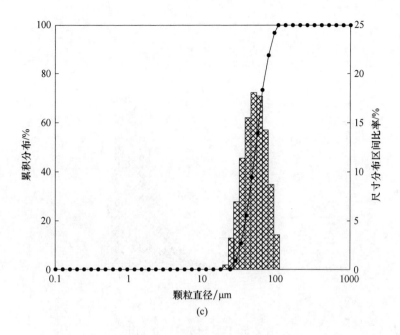

图 6-4 颗粒粒度分布图

(a) 75 μm 球形铜粉；(b) 75 μm 非球形铜粉；(c) 75 μm 电解铁粉

实验所用的流化气体分别为高纯气体 CO_2、Ar、N_2、H_2，均由北京千禧气体有限公司提供，纯度均高于 99.99%。4 种流化气体的密度和黏度如表 6-1 所示。

表 6-1　实验气体特性

气体（20 ℃）	密度/kg·m⁻³	黏度/Pa·s
CO_2	1.98	1.47×10^{-5}
Ar	1.78	2.28×10^{-5}
N_2	1.25	1.78×10^{-5}
H_2	0.09	0.88×10^{-5}

下行流化床表观黏度实验选用循环流化床常用的 FCC（Fluid Catalytic Cracking）颗粒作为流化颗粒。FCC 颗粒密度为 1500 kg/m³，平均粒径 75 μm，粒度分布如图 6-5 所示。为了减小静电力作用的影响，FCC 颗粒中加入了质量分数为 0.5% 的 519 粉。流化气体采用常温压缩空气，其密度为 1.205 kg/m³，黏度为 1.81×10^{-5} Pa·s。

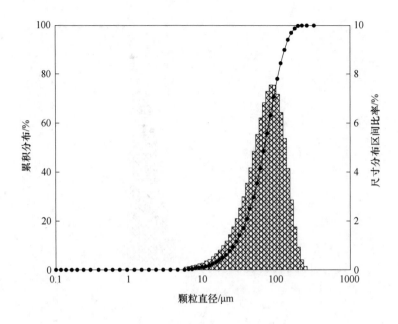

图 6-5 FCC 颗粒粒度分布图

6.2.3 实验条件和方法

鼓泡流化床表观黏度测定实验步骤如下：首先，将烘干箱烘干后的 100 mL 被测粉体放入石英流化管中，其次将石英流化管放入黏度仪加热区（见图 6-1）。把桨叶放入被测粉体后，通过刚玉管与扭矩传感器连接。流化气体通过进气口进入石英流化管，进行流化反应，流化气体的流量由转子流量计进行控制。

高温实验开始前，将脱水后的高纯 Ar 通入石英流化管内进行气氛保护，将流化管中空气全部赶出，随后切换通入的流化气体进行流态化。考虑到流化颗粒在高温条件下氧化反应的发生对实验结果的影响，高温实验的流化气体也为脱氧后的高纯 Ar。10 min 后，开始升温测定鼓泡流化床表观黏度，升温速率为 10 ℃/min。测定过程中，信息收集系统自动记录温度和扭矩信号，然后计算求得表观黏度。表观黏度测定结束后，将刚玉坩埚快速取出炉内，用高纯 Ar 进行极速冷却，冷却后试样用扫描电镜（MLA250）进行微观形貌观察。

下行流化床实验开始前，首先，通过颗粒循环管将下端储料罐的 FCC 颗粒采用气力输运方式输送到上端储料罐，FCC 颗粒进入上端流化床进料装置形成堆积床实现料封。其次，关闭颗粒循环管阀门启动震动阀，FCC 颗粒通过震动进料管进入料斗，当有颗粒进入进料斗后，开启进气阀门，通过转子流量计控制进气速度。最后，当气-固两相流进入充分发展阶段后，开启压降测试软件 Labview 测定两个压降监测孔的压降。

6.3 下行流化床表观黏度计算方法

下行循环流化床内，气-固两相流在下行流化床管道压降计算公式如下[18]：

$$\Delta p = g\rho_p \varepsilon_S \Delta H - \Delta P_{ac} - \Delta P_f \tag{6-1}$$

式中　　g——重力加速度，m/s^2；

ρ_p——颗粒密度，kg/m^3；

ε_S——固含率；

ΔH——两个压降检测点距离，m；

ΔP_{ac}——颗粒加速产生的压降，Pa；

ΔP_f——壁面摩擦产生的压降，Pa。

当气体在充分发展区且达到相对稳定的状态时，颗粒在下行循环流化床内的加速，以及固含率和边壁摩擦均处于稳定状态。因此，在充分发展区管道内压降为常数，同时颗粒加速产生的压降为零。在充分发展区，流化床内的固含率可以通过实验测得的颗粒通量（G_S）和计算的颗粒速度（V_p）求得，计算公式如下：

$$\varepsilon_S = \frac{G_S}{\rho_p V_p} \tag{6-2}$$

式中　　G_S——颗粒通量，$kg/(m^2 \cdot s)$；

V_p——颗粒速度，m/s。

颗粒速度计算公式如下：

$$V_p = V - V_{slip} \tag{6-3}$$

式中　　V——气速，m/s；

V_{slip}——颗粒滑移速度，m/s。

Clift[19] 等的研究表明在充分发展区颗粒终端速度近似等于颗粒的滑移速度，因此，颗粒的速度可以通过下式计算：

$$V_p = V - V_t \tag{6-4}$$

在不同流动区域，颗粒终端速度 V_t 也不同，具体的计算公式如下：

$$V_t = 0.153 \frac{g^{0.71} d_p^{1.14} (\rho_p - \rho_f)^{0.7}}{\rho_f^{0.29} \mu^{0.43}} \qquad （过渡区） \tag{6-5}$$

$$V_t = 1.74 \left[\frac{g d_p (\rho_p - \rho_f)}{\rho_f} \right]^{\frac{1}{2}} \qquad （湍流区） \tag{6-6}$$

式中　　d_p——颗粒粒径，m；

ρ_f——气体密度，kg/m^3；

μ——气体黏度，$Pa \cdot s$。

气-固两相流的表观黏度的计算基于测得的压降实验数据。实验测得压强是下行床内管道总压降（Δp），颗粒重力产生的压降（$g\rho_p\varepsilon_s\Delta H$）可以计算求得，因此由于壁面摩擦产生的压降（$\Delta p_f$）可以计算求得。管道摩擦系数通常根据达西公式计算求得[20-21]：

$$\lambda = \frac{2D\Delta p_f}{L\rho V^2} \qquad (6-7)$$

式中　λ——达西摩擦系数，无量纲；

　　　L——管道长度，m；

　　　D——管道内径，m；

　　　ρ——流体密度，kg/m^3；

　　　V——流体速度，m/s。

在对达西公式求解的方法中，Colebrook 公式使用最广泛且认可度最高，其普适性较高，可以用于过渡区和湍流区[22-23]。Colebrook 公式如下：

$$\frac{1}{\sqrt{\lambda}} = -2.0\lg\left(\frac{e/D}{3.7} + \frac{2.51}{Re\sqrt{\lambda}}\right) \qquad (6-8)$$

式中　e——管道粗糙度，mm。

本研究的相对粗糙度（e/D）为 0.001。由式（6-8）可以求得气-固两相流的雷诺数，通过雷诺数求得气-固两相流的表观黏度如下：

$$\mu_s = \frac{D\rho_g V}{Re} \qquad (6-9)$$

式中　μ_s——气-固两相流表观黏度，Pa·s。

通过公式（6-9）可以计算气-固两相流的表观黏度，结合推导求得的固含率可以回归出表观黏度关于固含率和气速的预测模型。

6.4　鼓泡流化床表观黏度初步研究

鼓泡流化床的表观黏度与流化气体种类、流化气速大小、颗粒形状和流化床温度均有关系。本研究针对以上影响因素展开了一系列鼓泡流化床表观黏度的相关研究。

为了研究流化气体的种类和气速对流化床表观黏度的影响，实验分别测定了 75 μm 电解铁粉颗粒在 4 种不同流化气体（Ar、N$_2$、CO$_2$ 和 H$_2$）下流化床表观黏度随气速的变化，测定结果如图 6-6 所示。

由图可知，当 Ar、N$_2$、CO$_2$ 气速达 1 L/min 左右时，铁粉颗粒表观黏度变化速率出现拐点，表观黏度变化开始趋于平稳。随着气速的继续增大，当达到 3 L/min 左右时，Ar、N$_2$、CO$_2$ 作为流化气体的气-固两相流表观黏度变化趋于平稳，不再出现较大波动。H$_2$ 对应的铁粉颗粒表观黏度变化速率拐点出现在

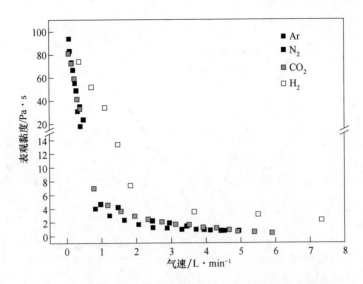

图 6-6　不同气体条件下流化床表观黏度随气速变化趋势

2 L/min 左右，随着气速的继续增大至 3.5 L/min 左右时，H_2 作为流化气体的气-固两相流表观黏度趋于平稳。

　　为了研究鼓泡流化床表观黏度与床层高度的关系，实验测定了 75 μm 电解铁粉颗粒在 Ar 作为流化气体的条件下，流化床表观黏度与床层高度随流化气速的变化，如图 6-7 所示。从图中可以看出，当气速小于 2.5 L/min 时，随着气速的增大，床层高度保持不变，说明床层没有开始波动，但是流化气体进入流化床后通过粉体颗粒间隙，在粉体颗粒间起到润滑作用，因此，颗粒之间相互作用力减弱，宏观表现为流化床的表观黏度逐渐降低。当气速达到 2.5 L/min 时，床层高度开始发生变化表明铁粉颗粒开始流化，流化床内固体颗粒开始出现悬浮，流化床表观黏度更接近于气-固两相流的表观黏度。气速对于流化床表观黏度的变化影响作用减弱，流化床表观黏度开始趋于平稳。综上，流化床表观黏度的测定可以用作流化床内颗粒流态化效果的判定依据。

　　采用 75 μm 电解铜粉和球形铜粉作为流化颗粒，实验研究了在 4 种不同气体条件下的流化床表观黏度随气速变化趋势，如图 6-8 所示。从图中可以看出，无气体通入时，电解铜粉的表观黏度大于球形铜粉的表观黏度，与固定床的结论相同。当有气体通入时，球形铜粉的表观黏度大于电解铜粉的表观黏度，此时，气体的进入起到润滑作用，气体对不规则电解铜粉颗粒的接触作用力大于球形铜粉，则电解铜粉颗粒之间的作用力小于球形铜粉。当气速超过 1 L/min 时，此时，床层开始波动，有曳力产生，出现气-固两相流，不规则电解铜粉颗粒之间的作用力大于球形铜粉颗粒之间作用力，电解铜粉颗粒作为流化颗粒的鼓泡流化床表观黏度开始大于球形铜粉颗粒作为流化颗粒的鼓泡流化床表观黏度。

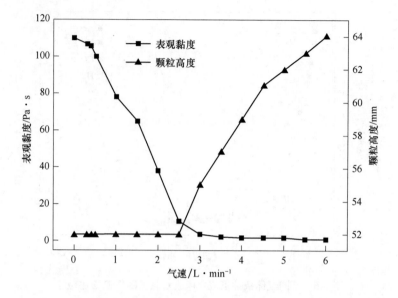

图 6-7 铁粉不同气速条件下流化床表观黏度与床层高度的关系

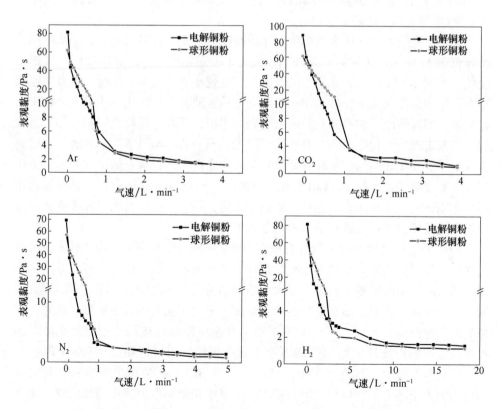

图 6-8 电解铜粉和球形铜粉不同气体条件下流化状态表观黏度随气速变化趋势

实验选用球形铜粉对不同气速条件下流化状态表观黏度随温度的变化进行测定，结果如图6-9所示。由图6-9可以看出，在不同的气速条件下，当温度低于500℃时，球形铜粉颗粒气-固两相流的表观黏度变化趋势基本一致。在黏性拐点温度之前，流化床表观黏度随着温度的变化没有明显波动。当温度达到黏性拐点温度后，其表观黏度开始急剧增大。在黏性拐点温度出现前，即表观黏度随温度变化相对平稳阶段，铜粉颗粒处于完全流化状态，此时，颗粒受到的气体曳力与颗粒之间的相互作用力处于平衡状态，因此出现上述趋势。

图中还可以看出，在流化气体恒定的条件下，流化气速越大，鼓泡流化床黏性拐点出现温度越高。这是因为相同流化气体的密度和黏度随温度变化趋势一致，此时曳力的大小主要是由气速决定，气速越大，颗粒受到的曳力越大。而流化床表观黏度主要反映的是流化颗粒在流化过程中受到的黏性力和曳力的合力。随着温度逐步升高，颗粒之间的黏性力开始增强，同时由于高气速条件，颗粒受到的曳力较大，颗粒表现出黏结趋势需要的黏性力也越大。而颗粒的黏性力主要受温度控制，温度越高颗粒之间的黏性力越大。黏性拐点出现温度是颗粒的黏性力在颗粒间的相互作用力之间开始起主导作用的温度。颗粒受到的气体曳力越大，起主导作用的黏性力也越大，对应需要的流化床温度也越高，所以流化床黏性拐点出现温度随着流化气速的增大而逐渐增大。

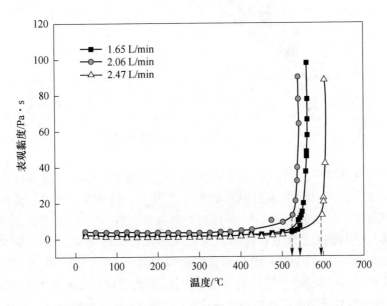

图6-9 球形铜粉不同气速条件下流化状态表观黏度随温度变化趋势

6.5　下行流化床表观黏度预测模型建立与验证

6.5.1　下行流化床表观黏度预测模型回归

不同气速条件下，床层压降与固含率的关系如图 6-10 所示。从图中可以看出，不同气速条件下，床层压降均随着固含率的增大而增大且呈线性关系。通过分析可知，无颗粒时，管道压降主要由气体分子与分子间的作用和气体与管壁的摩擦作用决定。随着管道中气-固两相流颗粒含量的增加，颗粒与颗粒之间的作用增大，同时颗粒与管壁的摩擦作用也增大，因此气-固两相流在管道内的压降随着固含率的增大而增大。此外，良好的线性关系进一步说明颗粒含量的增加增大了气-固两相流与管壁摩擦作用，从而出现压降的线性增长。

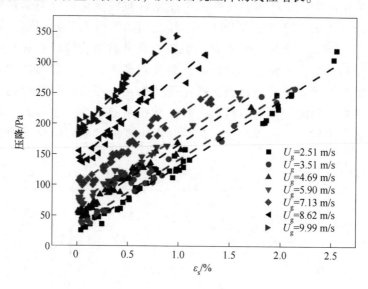

图 6-10　固含率对床层压降的影响

不同气速条件下，固含率对气-固两相流表观黏度的影响如图 6-11 所示。由图中可以看出，气-固两相流的表观黏度随着固含率的增大而增大。流体的黏度定义为流体抵抗运动的阻力。与液-固两相流类似，气-固两相流中由于颗粒的出现，气体分子与颗粒之间及颗粒与颗粒之间的相互作用增大，则气-固两相流抵抗运动的阻力增大，因此气-固两相流的表观黏度增大。同时，由图中可以看出当气速大于 4.69 m/s 后，气速对于气-固两相流的表观黏度影响作用可以忽略，气-固两相流的表观黏度主要由固含率决定。当气速小于 4.69 m/s，气速对于气-固两相流的表观黏度的影响将进一步分析，如图 6-12 所示。

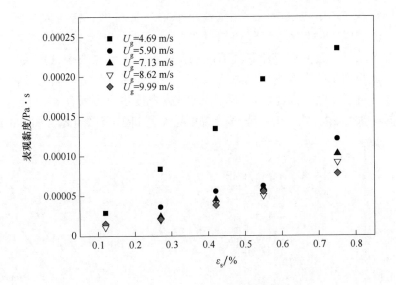

图 6-11 固含率对气-固两相流表观黏度的影响

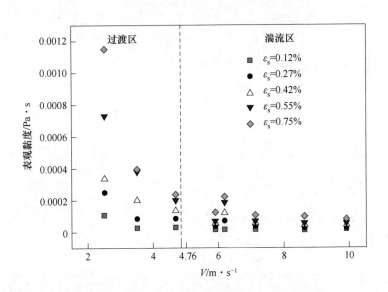

图 6-12 不同流动区域内表观黏度随气速变化趋势

气-固两相流表观黏度在不同流动区域内随气速的变化趋势如图 6-12 所示。由图中可以看出，在过渡区，气速对于气-固两相流的表观黏度影响作用不可忽略，表观黏度随着气速的增大逐渐降低。当气速最小为 2.51 m/s 时，气-固两相流表观黏度最大。但是随着气速的增大，当进入湍流区后，气速对于气-固两相流表观黏度的影响消失。这种现象的出现与流型密切相关，而流型主要由气体的雷诺数确定。如图中虚线所示，当气速小于 4.76 m/s 时，雷诺数在 2000～4000 范围内，流型属于过渡区；当气速超过 4.76 m/s 时，流型属于湍流区。当流型处于过渡区域时，气流在层流和湍流间随机转换，流型主要由气速决定，因此，气速对于表观黏度的影响不可以忽略；进入湍流区后，气流一直处于湍流状态，气速的作用可以忽略，因此气-固两相流的表观黏度主要由固含率决定。

不同流动区域内，气-固两相流表观黏度随气速和固含率变化趋势如图 6-13 所示。

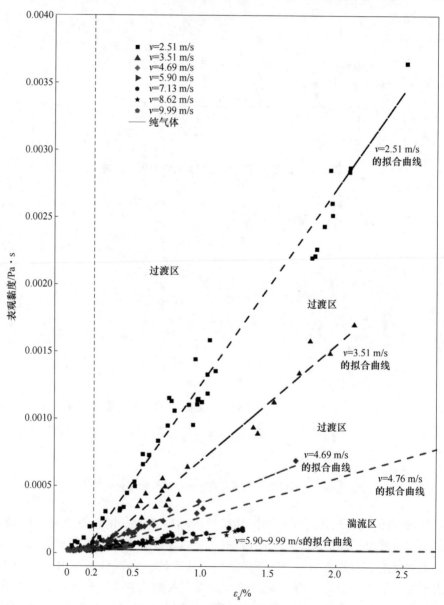

图 6-13　不同流动区域内表观黏度随固含率变化趋势

由图中可以看出，在过渡区和湍流区表观黏度与固含率均呈现较好的线性关系。进一步分析得出，在湍流区气-固两相流主要是由固含率决定，并回归得到公式：

$$\mu_S = 1.81 \times 10^{-5} \times (8 \times \varepsilon_S - 1) \tag{6-10}$$

式中 μ_S ——气-固两相流表观黏度，Pa·s；

ε_S ——固含率，无量纲。

在过渡区，不同气速条件下，气-固两相流的表观黏度均与固含率回归拟合得到线性关系，且气速不同直线斜率不同。如前文分析所述，过渡区内气流在层流和湍流间随机转换，因此气-固两相流表观黏度预测回归模型不仅要考虑固含率还要考虑气速的影响，因此回归预测模型不仅要考虑固含率还要拟合气速，所得回归模型如下式所示：

$$\mu_S = \varepsilon_S \times (4.87 \times 10^{-3} \times e^{-\frac{v}{2.5}} + 3.39 \times 10^{-4}) + 1.03 \times 10^{-7} \times e^{\frac{v}{0.64}} - 2.01 \times 10^{-4} \tag{6-11}$$

式中 v ——气速，m/s。

6.5.2 气体单相流管道摩擦压降 CFD 模拟验证

为了验证气-固两相流管道内摩擦压降实验测定装置的可靠性和稳定性，实验测定了管道内气体单相流摩擦压降，由于 CFD 对单相流的模拟相对稳定可靠，因此，本研究将气体单相流的管道实验测定摩擦压降与 CFD 模拟计算得出的压降进行对比分析，验证采用此实验方法对气-固两相流在管道内产生压降的测定是否可靠和稳定。通过 CFD 模拟计算气体单相流通过管道时对压降测试点（见图 6-2）两端产生的压降，模拟结果和实验结果对比分析如图 6-14 所示。从图中可以看出实验测得压降和 CFD 模拟压降均随着气速的增大逐步增大。不同气速

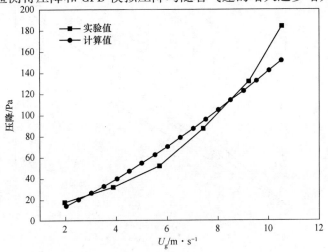

图 6-14 实验压降与模型预测压降对比分析

条件下，实验测得压降与 CFD 模拟计算压降基本一致，表明用本实验装置测量气-固两相流时获得的管道压降数据稳定可靠。

6.5.3　下行流化床表观黏度预测模型验证

为了验证回归得到的气-固两相流表观黏度预测模型的准确性和可靠性，采用已获得的气-固两相流表观黏度预测模型式（6-10）和式（6-11）对实验测定的压降进行了预测，过渡区和湍流区的压降模型预测值与实验值对比如图 6-15 所示。从图中可以看出，无论是在过渡区还是湍流区，压降的模型预测值和实验值误差控制在 20%以内，表明本研究回归得到的下行流化床气-固两相流表观黏度预测模型相对准确可靠。

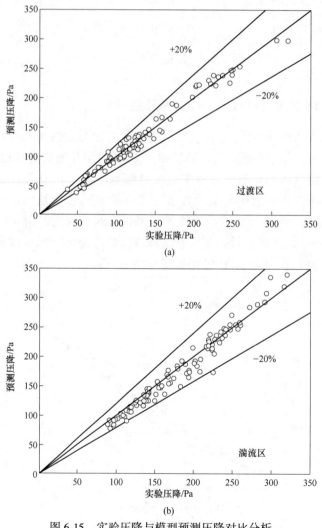

(a)

(b)

图 6-15　实验压降与模型预测压降对比分析
（a）过渡区；（b）湍流区

6.6 本章小结

本章节重点研究的是流化床表观黏度。主要分为两部分讨论，第一部分是鼓泡床表观黏度的测定，基于第 3 章提出的粉体表观黏度的测定方法，将旋转法用于鼓泡流化床表观黏度的测定，研究分析了颗粒形状、气速和温度对鼓泡流化床表观黏度的影响；第二部分是下行循环流化床内气-固两相流表观黏度的预测，由于实验条件的限制，不能实现直接测得循环流化床的表观黏度，因此只能通过回归预测模型对下行循环流化床的表观黏度进行预测。首先基于实验测得的气-固两相流在下行循环流化床中充分发展区的压降计算求得摩擦系数，其次结合管道粗糙度计算得出管道中气-固两相流的雷诺数，最后求得气-固两相流的表观黏度。在此基础上研究分析了固含率（颗粒含量）和气速对于气-固两相流表观黏度的影响，最终回归得到了下行流化床气-固两相流表观黏度预测公式。本章节的主要结论如下：

（1）鼓泡流化床的表观黏度随着气速的增大而逐渐减小。相同气速条件下，不同流化气体的流化效果不同。Ar、N_2、CO_2 作为流化气体时，在相对较低的气速条件下表观黏度开始趋于稳定，H_2 作为流化气体时，在相对较高的气速条件下，气-固两相流表观黏度开始趋于稳定。

（2）鼓泡流化床的表观黏度与流化床床层高度随气速的变化趋势相反。表观黏度随着气速的增大而减小，床层高度随着气速的增大而升高。鼓泡流化床的表观黏度随着温度的升高而逐渐增大，高温条件下，气速越大，黏性拐点出现温度越大，即黏结失流趋势越弱。

（3）下行流化床内气-固两相流的表观黏度主要由固含率决定，随着固含率的增大而增大。在过渡区，气速对于表观黏度的影响不可忽略，随着气速的增大而减小。在湍流区，气速对表观黏度的影响可以忽略。

（4）气-固两相流的表观黏度在过渡区和湍流区均与固含率呈现出良好的线性关系；当固含率（颗粒含量）大于 0.2% 后，气-固两相流的表观黏度预测模型如下：

湍流区：

$$\mu_S = 1.81 \times 10^{-5} \times (8 \times \varepsilon_S - 1)$$

过渡区：

$$\mu_S = \varepsilon_S \times (4.87 \times 10^{-3} \times e^{-\frac{v}{2.5}} + 3.39 \times 10^{-4}) + 1.03 \times 10^{-7} \times e^{\frac{v}{0.64}} - 2.01 \times 10^{-4}$$

（5）通过将 CFD 模拟的气体单相流摩擦压降和实验测得摩擦压降对比，证明实验装置对于气-固两相流通过管道产生的压降测定准确可靠。回归模型计算的管道内气-固两相流产生的压降与实验测得值基本一致，表明本研究回归的预测模型对于管道内气-固两相流表观黏度的预测相对准确可靠，可应用于实际生产指导。

参 考 文 献

[1] Daniels T C. Density separation in gaseous fluidized beds [J]. Rheology of Disperse Systems, 1959, 5: 211-221.

[2] Rozenbaum R B, Todes O M. Viscosity of a water-fluidized bed [J]. Leningrad Mining Institute, 1977, 32 (2): 257-263.

[3] Brinkert J, Davidson J F. Particle jets in fluidized beds [J]. Chemical Engineering Research&Design, 1993, 71 (3): 334-336.

[4] Rees A C, Davidson J F, Dennis J S, et al. The apparent viscosity of the particulate phase of bubbling gas-fluidized beds a comparison of the falling or rising sphere technology with other methods [J]. Chemical Engineering Research & Design, 2007, 85 (10): 1341-1347.

[5] Matheson G l, Herbst W A, Holt P H. Characteristics of fluid-solid systems [J]. Industrial and Eegineering Chemistry, 1949, 41 (6): 1098-1104.

[6] Kramers H. On the viscosity of a bed of fluidized solids [J]. Chemical Engineering Science, 1951, 1 (1): 35-37.

[7] Furukawa J, Ohmae T. Liquidlike properties of fluidized system [J]. Industrial and Engineering Chemistry, 1958, 50 (5): 821-828.

[8] Shuster W W, Haas F C, Point viscosity measurements in a fluidized bed [J]. Journal of Chemical and Engineering Data, 1960, 5 (4): 525-530.

[9] Grace J R. The viscosity of fluidized beds [J]. The Canadian Journal of Chemical Engineering, 1970, 48 (1): 30-33.

[10] Murray J D. On the viscosity of a fluidized system [J]. Rheologica Acta, 1967, 6 (1): 27-30.

[11] Stewart P S B, Davidson J F. Slug flow in fluidised beds [J]. Powder Technology, 1967, 1 (2): 61-80.

[12] Rowe P N, Partridge B A. Note on Murray's paper on bubbles in fluidized beds [J]. Journal of Fluid Mechanics, 1965, 23 (3): 583-584.

[13] Tsuchiya K, Furumoto A, Fan L S, et al. Suspension viscosity and bubble rise velocity in liquid-solid fluidized beds [J]. Chemical Eegineering Science, 1997, 52 (3): 3053-3066.

[14] Kai T, Murakami M, Yamasaki K, et al. Relationship between apparent bed viscosity and fluidization quality in a fluidized bed with fine particles [J]. Journal of Chemical Engineering of Japan, 1991, 24 (4): 494-500.

[15] Saxton J A, Fitton J B, Vermeulen T. Cell model theory of homogeneous fluidization: density and viscosity behavior [J]. AIChE Journal, 1970, 16 (1): 120-130.

[16] Gibilaro L G, Felice K D, Pagliai P R. On the apparaent viscosity of a fluidized bed [J].

Chemical Eingineering Science, 2007, 62 (1): 294-300.

[17] Zhang H, Johnston P M, Zhu J X, et al. A novel calibration procedure for a fiber optic solids concentration probe [J]. Powder Technology, 1998, 100 (2/3): 260-272.

[18] Liu W, Luo K B, Zhu J X, et al. Characterization of high-density gas-solids downward fluidized flow [J]. Powder Technology, 2001, 115 (1): 27-35.

[19] Clift R, Grace J R, Weber M E. Bubbles, drops, and particles [M]. New York: Courier Corporation, 2005.

[20] Moody L F. Friction factors for pipe flow [J]. Trans Asme, 1944, 66: 671-684.

[21] Brown G O. The history of the darcy-weisbach equation for pipe flow resistance [M]. Reston: Environmental and Water Resources History, 2003: 34-43.

[22] Kiijarvi J. Darcy friction factor formulae in turbulent pipe flow [J]. Lunowa Fluid Mechanics Paper, 2011, 110727.

[23] Papaevangelou G, Evangelides C, Tzimopoulos C. A new explicit relation for the friction coefficient in the darcy-weisbach equation [C]. Proceedings of the Tenth Conference on Protection and Restoration of the Environment, 2010, 166: 6-9.

7 流化床还原过程表观黏度在线测定系统调试研究

7.1 流化床表观黏度原位在线研究进展

气固反应动力学条件分析是工业设计的研究基础，特别是在流化床炼铁过程中。由于流化床反应过程是黑箱反应，因此针对反应进度的在线检测对于铁矿石流态化还原过程的动力学研究有重要意义。逸出气体在线检测是气固反应分析的一种重要方法，可以根据气体反应产物描述流化床反应进程[1]。质谱仪又是气体定性和定量检测的一种重要仪器，其具有取样检测方便、浓度检测适应范围广、检测频率高、污染小和分析过程高效便捷的特点，因此被广泛应用于各个研究领域。在化工研究领域，主要是将流化床和质谱仪联用对气固反应过程进行在线分析[2-4]；在冶金研究领域，由于实验方法和实验装置的限制，流化床还原过程的表观黏度还无法测定，已有的流化床表观黏度研究主要集中在室温条件下流化床的表观黏度，而高温条件下特别是高温还原过程中，例如 Fe_2O_3 颗粒还原过程中流化床表观黏度的研究还未见报道。

为了研究流化床还原过程中表观黏度的变化，特别是还原进度对于流化床表观黏度的影响，本研究自主设计研究了流化床还原过程表观黏度在线分析检测系统，其主要由高温搅拌流化床和气相质谱仪组成。其中高温搅拌流化床将实现流态化还原过程中流化床表观黏度的实时测定，质谱仪将对流化床尾气进行瞬时在线定性定量分析，从而对流化床内还原反应的进程进行判断。本章节将重点对流化床还原过程表观黏度在线表征系统设计方案和设计原理进行介绍。通过 H_2 还原 Fe_2O_3 颗粒的实验对实验装置进行调试和验收，对流化床还原过程表观黏度在线测定系统的可靠性和稳定性给出评估。

7.2 实验装置与材料

实验采用自主研发设计的高温可视搅拌流化床，如图 7-1 所示。流化床反应器主体由双层透明石英管组成，如图 7-2 所示，内管直径为 55 mm，外管直径为 80 mm，内管为流化床反应器，采用筛板与内管一体成型设计。采用挤压式双密

图 7-1　高温可视搅拌流化床示意图

封结构和磁流体联轴器保证了流化床反应器内的完全密封状态，可以实现还原、惰性和氧化等各种流化和反应气氛。流化气体通过内外石英管夹层进行预热，之后通过筛板进入流化床反应器。实验装置通过电阻丝加热，反应温度可达 1100 ℃，控温程序有手动和自动两种升温模式。整个实验装置分布 4 个测温点，分别在炉体的上部、中部、下部布置热电偶进行炉温控制和检测，在流化床内部有内置热电偶进行样品温度实时监测，可以实现对整个实验装置的多点温度检测，保证了实验温控条件的精准操作。同时搅拌流化床留有反应器内部观察窗口，可以直接同步观察流化床内颗粒流化状态。

采用英国海德生产的 HPRO20 型在线质谱仪对流化床反应尾气进行在线检测，如图 7-3 所示。HPRO20 型在线质谱仪的检测质量分数为 1~300 amu，采用电子轰击离子源（铱灯丝）。进气毛细管长 2 m，有加热保护装置，取样管最大流量是 20 sccm（1 sccm = 10^{-3} L/min），取样管最大压力是 2 bar（1 bar = 10^{5} Pa），

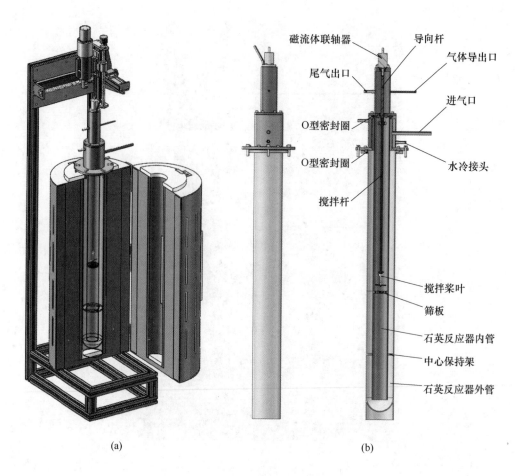

图 7-2 石英反应器

（a）内部结构三维立体图；（b）结构示意图

采用涡轮分子泵和涡旋泵进行抽真空，可在 300 ms 内对于气体成分和浓度的变化做出反应。HPRO20 型质谱仪可以实时记录并显示实验过程中的各种实验参数，可以控制和调节 4 级杆参数，对流化床尾气成分进行定量和定性分析，包括自动将测量浓度与参考气体进行对比、评估；所有数据总和与 100% 水平对比；计算相对灵敏度和气体校正参数。

高温搅拌流化床采用扭矩传感器和扭矩变频器将石英反应管内的桨叶感应到的力矩通过信号传递到计算机进行数据处理。整个流化床信号采集分为 4 部分：温度信号采集、压降信号采集、扭矩信号采集和转速信号采集。设备配备计算机在线控制系统可实现测量、控制和实时监测记录功能，所有参数和数据可以通过计算机自动记录、绘图及分析，系统操作界面如图 7-4 所示。

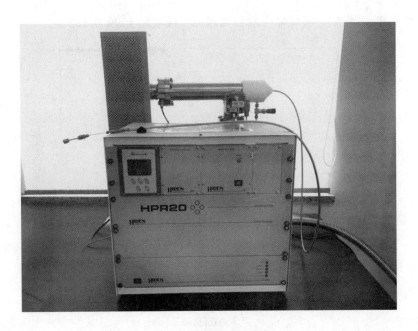

图 7-3 质谱仪示意图

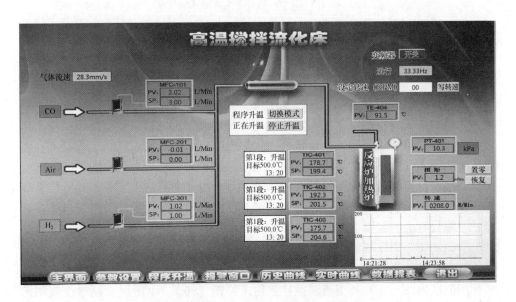

图 7-4 高温搅拌流化床控制系统操作界面示意图

实验所用铁矿粉颗粒是北京兴荣源科技有限公司生产的分析纯 Fe_2O_3 粉体颗粒，平均粒径 15 μm，纯度大于 99.0%，其粒度分布如图 7-5 所示。实验所用的流化气体高纯 Ar 由北京环宇京辉京城气体科技有限公司提供，纯度高于

99.99%。H_2 由北京千禧气体有限公司提供，纯度高于 99.99%。

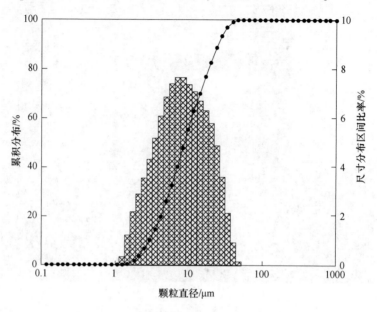

图 7-5 Fe_2O_3 粉体颗粒粒度分布

7.3 流化床表观黏度与床层压降对比分析

流化床黏结失流温度是反映流化床反应器内颗粒流化性能和黏附性能的重要指标。黏结失流温度越低，说明颗粒间相互作用力越大、黏附性能越强，流化床内发生黏结失流的趋势越大。通常采用床层压降法测定流化床黏结失流温度，将流化床压降曲线突然开始下降的点所对应的温度定义为黏结失流温度。

高温可视搅拌流化床通过压力传感器和热电偶分别测定床层压降和床层温度变化。黏结失流发生用床层压降的突降来表征，即颗粒流化过程中床层压降曲线开始下降处对应的温度为黏结失流温度。测试桨叶在流化床中旋转，通过测量桨叶上受到的扭矩来获得流化床表观黏度。流化床的表观黏度越大，说明颗粒之间黏性越高，黏结失流越容易发生。为了检验高温搅拌流化床在线系统对流化床黏结预测的准确性，实验利用高温搅拌流化床装置（如图 7-1 所示）同时在线测定了 15 μm 的 Fe_2O_3 颗粒在 Ar（3 L/min）作为流化气体条件下床层压降和表观黏度随温度变化趋势，结果如图 7-6 所示。从图中可以看出，随着温度的升高，气体黏度增大，气体作用在颗粒上曳力增大，因此床层压降随着温度的升高不断增大。当温度达到 820 ℃左右时，床层压降突变，表明流化床内黏结失流发生，此时颗粒之间的黏性力达到最大，对应的流化床表观黏度在此温度也达到最大值。

由此证明，流化床表观黏度在线测定系统通过表观黏度的测定可以对流化床内颗粒的黏性特别是高温黏性进行有效表征，在线表征系统稳定可靠，可以用于实际生产和指导。

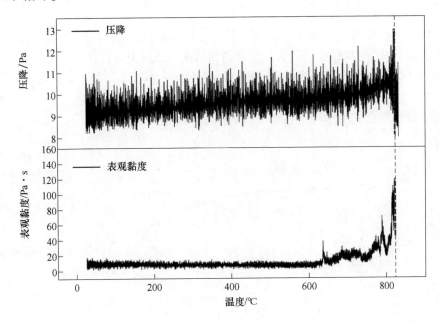

图 7-6　流化床表观黏度与压降随温度变化趋势图

7.4　流化床表观黏度与质谱仪尾气成分信号对比分析

为了检验高温搅拌流化床在线系统对流化床还原过程表观黏度的原位在线分析的准确性，实验利用高温搅拌流化床装置（如图 7-1 所示）在线测定了 15 μm 的 Fe_2O_3 颗粒在 Ar（3 L/min）作为载气，H_2（1 L/min）作为还原气的条件下的表观黏度，用质谱仪对流化床尾气成分进行了在线原位检测。

Fe_2O_3 流态化还原过程中尾气中 H_2 强度、水蒸气强度及流化床表观黏度随温度的变化趋势如图 7-7 所示，从图中可以看出：

（1）当温度小于 300 ℃时，尾气中 H_2 和水蒸气的强度信号基本不变，表明尾气中 H_2 的量没有减少，流化床中 H_2 没有开始还原 Fe_2O_3，所以尾气中无水蒸气产生，水蒸气信号强度保持不变。由于 Fe_2O_3 未发生还原反应，因此没有低熔点物质和新鲜铁析出，则颗粒之间相互作用力没有明显变化，故流化床表观黏度随温度升高保持平稳趋势。

（2）当温度大于 300 ℃时，尾气中 H_2 强度信号开始明显减弱，同时水蒸气的强度信号逐渐增大，表明流化床内 H_2 开始还原 Fe_2O_3，并生成产物水蒸气，流化床进入还原状态。但是此时流化床内 H_2 只是初步还原 Fe_2O_3，还没有大量铁晶须和新鲜铁析出，颗粒之间没有发生黏结的趋势，因此表观黏度变化趋势保持稳定。

（3）当温度大于 700 ℃时，尾气中 H_2 和水蒸气强度信号开始逐渐趋于平稳，表明 H_2 消耗量和水蒸气的产生量达到稳定，还原 Fe_2O_3 开始达到动态平衡，大量新鲜铁析出或者铁晶须长出，颗粒之间开始发生黏结，流化床表观黏度开始逐步增大。由此证明，通过质谱仪可以对流化床内还原进程在线原位分析，并且与表观黏度变化趋势基本吻合，可以实现对流化床还原过程的原位在线分析表征。

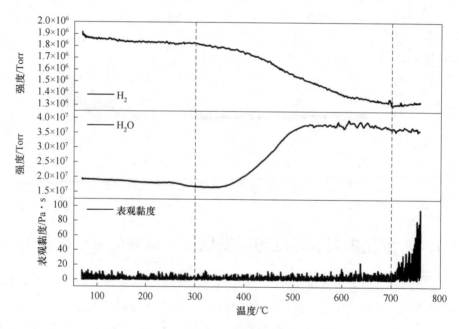

图 7-7　流化床表观黏度与尾气成分随温度变化趋势图

7.5　流化床还原过程表观黏度原位在线分析研究

为了检验高温搅拌流化床在线系统对流化床还原过程表观黏度和压降测定，以及原位在线分析的准确性和可靠性。实验利用高温搅拌流化床装置（如图 7-1 所示）在线测定了 15 μm 的 Fe_2O_3 颗粒在 Ar（3 L/min）作为载气，H_2（1 L/min）作为还原气的条件下的流化床表观黏度和床层压降，同时用质谱仪对流化床尾气成分进行了在线原位检测分析。

Fe_2O_3 流态化还原过程中尾气中 H_2 强度、床层压降及流化床表观黏度随温度的变化趋势如图 7-8 所示，从图中可以看出：

（1）当温度小于 300 ℃时，尾气中 H_2 的强度信号基本不变，表明尾气中 H_2 的量没有减少，H_2 没有开始还原 Fe_2O_3。由于温度的升高使气体黏度增大，因此床层压降随着温度的升高逐渐增大。由于 Fe_2O_3 未发生还原反应，没有铁晶须生成和新鲜铁析出，颗粒之间相互作用力没有明显变化，故流化床表观黏度随温度升高保持平稳趋势。

（2）当温度大于 300 ℃时，尾气中 H_2 强度信号开始明显减弱，同时流化床床层压降迅速降低，表明 H_2 开始还原 Fe_2O_3，大量 H_2 开始消耗，同时有水蒸气产生，床层压降开始降低。此时流化床内 H_2 只是初步还原 Fe_2O_3，还没有大量铁晶须和新鲜铁析出，颗粒之间没有发生黏结，所以表观黏度保持稳定没有增大趋势。

（3）当温度高于 700 ℃时，尾气中 H_2 强度信号开始逐渐趋于平稳，表明 H_2 消耗量达到稳定，还原 Fe_2O_3 开始达到动态平衡，已经有大量的新鲜铁析出或者铁晶须长出，颗粒之间开始发生黏结，流化气体上升通道堵塞，床层压降增大。同时，颗粒黏结导致颗粒之间相互作用力增大，流化床表观黏度开始明显增大。

综上所述，自主研发的流化床还原过程表观黏度在线测定系统通过质谱仪可以对流化床内还原进程在线原位分析，通过表观黏度测定可以得到颗粒的黏结程度，最终实现对流化床还原过程中颗粒流化行为的在线原位分析表征。

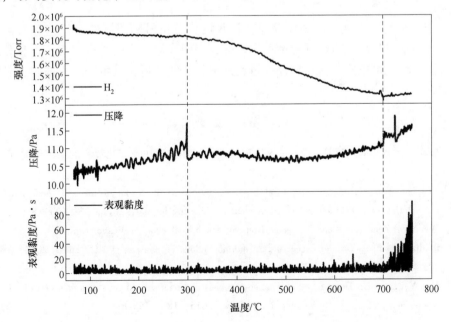

图 7-8　流化床表观黏度、压降与尾气成分随温度变化趋势图

7.6 本章小结

本章节重点研究了流化床还原过程表观黏度在线分析检测系统的稳定性和可靠性。基于本研究提出的表观黏度的概念和确定的实验测定方法，本章节将粉体颗粒的表观黏度测定方法引入流化床中，对流化床还原过程表观黏度的变化进行在线实时测量。同时将质谱仪和流化床整合，开发了流化床还原过程表观黏度在线测定及原位分析系统。该系统通过表观黏度在线测定表征流化床内颗粒黏性（即颗粒黏结程度），通过质谱仪对流化床尾气成分分析表征流化床内还原进程，实现还原过程的原位分析。本章节通过 H_2 还原 Fe_2O_3 颗粒的实验对流化床表观黏度在线分析检测系统进行了稳定性和可靠性检测，主要结论如下：

（1）床层压降随着温度的升高逐渐增大，床层压降突然降低表明流化床内黏结失流发生，对应流化床表观黏度陡增达到最大值，表明流化床内颗粒黏性到达最大，与压降信号完全匹配。证明流化床表观黏度在线测定系统对于表观黏度和压降信号的在线分析准确可靠。

（2）H_2 还原 Fe_2O_3 颗粒的主要气体产物是水蒸气。由质谱图分析发现随着温度的升高，尾气中 H_2 的量逐渐减少，水蒸气含量逐渐增大，表明流化床内还原反应开始发生，说明质谱仪对还原反应可以实现在线原位检测，同时和表观黏度信号趋势一致。证明在线系统引入质谱仪进行在线分析可以实现流化床还原反应的原位在线分析。

（3）流化床表观黏度和压降及质谱仪的成分信号随温度的变化趋势基本一致，三种信号趋势拐点出现温度基本匹配，表明在流化床还原过程中，表观黏度在线测定系统可以实现流化床还原过程的原位在线分析，且系统分析准确、稳定可靠。

参 考 文 献

[1] 郭洋洲，赵义军，刘鹏，等. 过程质谱仪测量气体浓度快速变化过程的应用研究 [J]. 分析化学，2016，44（9）：1335-1341.

[2] Yu J, Yao C, Zeng X, et al. Biomass pyrolysis in a micro-fluidized bed reactor：characterization and kinetics [J]. Chemical Engineering Journal, 2011, 168（2）：839-847.

[3] Wang F, Zeng X, Wang Y, et al. Non-isothermal coal char gasification with CO_2 in a micro fluidized bed reaction analyzer and a thermogravimetric analyzer [J]. Fuel, 2016, 164：403-409.

[4] Mao Y, Dong L, Dong Y, et al. Fast co-pyrolysis of biomass and lignite in a micro fluidized bed reactor analyzer [J]. Bioresource Technology, 2015, 181：155-162.